混合法による有限要素解析

統一エネルギー原理とその応用

日本計算工学会 編
川井忠彦 風間悦夫 著

丸善出版

発刊にあたって

　日本計算工学会は，わが国における計算工学にかかわる研究者や技術者のための分野横断型学会として，川井忠彦東京大学名誉教授を創始者，初代会長とし，1995年に創立されました．そして，2015年に創立20周年を迎えることになりました．計算力学を用いて工学における研究・開発・生産を行う学問分野である計算工学は，計算機の発展とともに，高度で効率的なものづくりには今やなくてはならないものになっています．日本計算工学会は，会員個々の専門が理工学全般にわたること，また所属も学界が約6割，産業界が約4割と，産学にわたる構成となっていることが特徴として挙げられます．

　半世紀前にボーインク社研究開発チームにより発表された直接剛性法は，その後有限要素法と名を変えて発展し，現在に至っています．川井先生は有限要素法の日本における草分けであり，黎明期よりその技術の研究，教育と普及に尽力され，日本の高度経済成長において多大な貢献をされました．この間に生まれた多くの商用プログラムのほとんどは変位を未知量にとる変位法であり，CAE (Computer Aided Engineering) の社会への浸透とともに，応力を未知量にとる応力法はほとんど顧みられなくなってしまいました．理論的に真の解は変位法と応力法の解の間に存在するため，両手法により真の解を挟み撃ちにすることができる実用的な方法の登場は研究者の長い間の夢であり，混合変分原理としてさまざまな研究がなされてきました．しかし，そのほとんどは，挟み撃ちにして解を求めるところまでには至りませんでした．川井先生は，変位法をベースとして商用化の進んだ有限要素法の問題点を早くから指摘され，非線形問題の本質に迫り，解析の精度を本質的に改善する手法として，この問題に長く取り組まれてきました．そして，変位を未知量にとる仮想仕事の原理と，応力を未知量にとる補仮想仕事の原理を

統合した新しい混合変分原理である統一エネルギー原理を見出され，挟み撃ちによる方法が実現に向け大きく前進しました．川井先生が創出した統一エネルギー原理にもとづく「新混合法」ともいうべきその手法は，ノードレスの特徴をもつものであり，昨今のトレンドである V &V (Verification & Validation: 検証と妥当性確認) にとっても大きな意味をもつものです．現在，実用的問題への適用研究も進みつつあります．

　本書は，新混合法に関する理論を，川井先生の論文や自筆の資料をもとに書き下ろしたものに，それを具体的に応用する場合の展開の仕方と実際の計算結果例を示したものです．日本計算工学会が設立 20 周年の節目を迎えるにあたり，現在の有限要素法の課題と今後の姿を見据えながら，新たな展開についての川井先生の次世代技術者へのメッセージでもあります．

　最後になりましたが，本書が，各大学における研究や産業界での応用などさまざまな場面で活用され，革新的なソフトウェアの開発など，広く役立てられることを願い，発刊にあたってのご挨拶と致します．

平成 27 年 4 月

日本計算工学会会長　越　塚　誠　一

序　文

　前世紀半ばに出現した有限要素法 (Finite Element Method) は同じ時期に開発された科学技術計算専用の電子計算機ハードウェアならびにソフトウェアの目覚ましい発展に支えられ，差分法 (Finite Difference Method) とともに技術革新の最前線で未知の壁を破るツールの地位を確保するに到った．

　一方，情報科学の爆発的発展は有限要素法や差分法に代表される計算科学，計算力学の汎用プログラムをブラックボックス化し，設計・生産の自動化の波に世界の産業界を巻き込みつつある．しかしよく考えてみると，設計・生産の自動化は計算力学のさらなる発展がなければ，いかに情報技術 (Information Technology) が進歩しても目覚しい成果は期待できないと思われる．

　このような観点から，現状の計算力学のさらなる発展を願って本書の執筆を決意した次第である．もとより浅学菲才，老骨の身であるが，このささやかな著書がきっかけとなり，わが国から「新有限要素法開発」のうねりがいつの日か世界に発信できるようになれば望外の喜びである．

川　井　忠　彦

まえがき

　このたび，川井忠彦先生が風間悦夫先生と共著で，膨大なご研究の成果のごく一部ではありますが，一般の読者向けに書籍として公表されることは誠に喜ばしいことです．

　今さら申し上げるまでもありませんが，川井先生の偉大なご業績の1つとして，約50年も前に有限要素法の有効性にいち早く目を向けられ，研究・開発のみでなく，一般への普及に尽力されてきたことが挙げられます．有限要素法は，骨組などの部材構造物の解析法を基礎として，板や3次元固体構造も含む一般的な構造物，さらには流体，電磁場など多くの現象の解析を可能にした優れた数値計算システムです．その特色は，解析したい物体を多くの有限要素の集合として近似し，骨組部材と同様に各有限要素に必要最小限の特性をもたせ，それを巧みに結合することにより，実体の挙動をかなり的確に表現できる計算モデルを構築することにあります．通常の有限要素法では，各有限要素間は節点で変位が(場合によっては応力も)連続になるように結合しますが，この手続きは，部材を組み立てて骨組構造を構成するのに相当し，きわめて計算機向けの処理が可能です．ただし，有限要素の特性を適切に与えるには，有限要素の形状や節点の位置，要素内の仮定変位にさまざまな注意や制限が必要になります．

　川井先生は，有限要素法の可能性とともに，その限界にもいち早く気づかれ，節点を要しない(ノードレス)手法，変位が要素間で不連続な近似の可能性などを探られ，より柔軟性をもち，精度的にも優れた手法を提案されてきました．本書はその成果の一部を解説したもので，前半から中盤にかけては主に川井先生による基礎原理の解説，後半は風間先生の記述で，原理にもとづいた計算手法を作成する際の具体的手順や工夫，さらに計算例を与えております．

本書は，有限要素法の発展としての可能性豊かな手法を解説しており，今後の発展の基点として，読者の皆様にお勧めできるだけの大きな価値をもつと考えております．

　なお，本書は第1章から第7章までを川井忠彦(東京大学名誉教授)，第8章，第9章を風間悦夫(長野工業高等専門学校名誉教授)の分担にてご執筆いただいております．

編集委員代表　菊　地　文　雄

編集委員会

編集委員

代表 菊 地 文 雄 東京大学名誉教授
　　 菊 地　　 厖 日本計算工学会 編集委員
　　 竹 内 則 雄 法政大学 教授
　　 山 田 貴 博 横浜国立大学 教授
　　 山 村 和 人 日本計算工学会 編集委員

編集協力

弓 削 康 平 成蹊大学 教授
遠 藤 龍 司 職業能力開発総合大学校 教授

(2015 年 4 月現在)

目　　次

1 緒　　論 1
　1.1 本書出版の背景 1
　1.2 エネルギー原理の発展小史 3

2 新しい混合変分原理 7
　2.1 Gauss の発散定理より導かれる統一エネルギー原理 7
　2.2 統一エネルギー原理と Hellinger–Reissner の原理との比較 15
　2.3 エネルギー原理統合化の小史 17
　2.4 統一エネルギー原理から導かれる 8 種類の解法 19
　2.5 上界解，下界解による挟み撃ち解法 23
　2.6 統一エネルギー原理の導出プロセスの図示化 24
　2.7 ノードレス要素の概要 26

3 変位関数，応力–ひずみ関係式に関する一考察 29
　3.1 は じ め に 29
　3.2 固体の変位関数に関する一考察 30
　3.3 固体の応力–ひずみ関係式に関する一考察 36

4 1 次元部材問題の定式化 39
　4.1 は じ め に 39
　4.2 はり柱要素の平衡方程式 39
　4.3 はりの軸変形，ねじりおよび曲げ問題 43
　4.4 骨 組 構 造 48

4.5 はり要素による数値計算例 55

5 2次元問題の定式化 67
5.1 はじめに 67
5.2 弾性膜のたわみ解析 67
5.3 棒のねじり 71
5.4 平面応力および平面ひずみ問題 76

6 平板の曲げ問題の定式化 79
6.1 はじめに 79
6.2 Kirchhoff–Love の仮定に従う薄い平板の曲げ解析 79
6.3 平板の曲げ問題に対する有限要素解析 88
6.4 せん断変形の影響を考慮した平板の曲げ 95
6.5 Reissner–Mindlin の薄板の曲げ 96

7 弾性シェル理論の基礎定式化 103
7.1 はじめに 103
7.2 3次元弾性論を用いたシェル要素の基礎定式化 105
7.3 適用すべきエネルギー原理 116

8 統一エネルギー原理にもとづくノードレス要素のつくり方 119
8.1 はじめに 119
8.2 統一エネルギーにもとづく離散化 120
8.3 ノードレス要素とは 125
8.4 ノードレス要素の関数の仮定法 126
8.5 ノードレス要素解析のイメージ 130
8.6 境界条件とマトリックスの種類 132
8.7 線積分に伴う座標変換 134
8.8 平面問題における線積分の実行方法 136
8.9 ノードレス要素マトリックスの特徴 137
8.10 システム–マトリックスの作成 141

9 解析事例 149
- 9.1 平面応力問題の解析例 149
- 9.2 不整合メッシュ分割による平面応力問題の解析例 150
- 9.3 角棒のねじり剛性解析 151
- 9.4 平板の固有振動数解析 153
- 9.5 薄い平板の増分法による非線形解析 155
- 9.6 片持ち矩形平板の弾塑性解析 157
- 9.7 上下界解法と挟み撃ち法の例 159

付録 A 統一エネルギー原理から導かれる 8 つの解法の適用例 165

参考文献 175

あとがき 179

索引 183

1 緒　　論

1.1 本書出版の背景

　固体力学境界値問題の近似解法はポテンシャルエネルギーあるいはコンプリメンタリーエネルギーの最小の原理にもとづいた Rayleigh–Ritz の方法により 19 世紀末に確立された．そして 1956 年，アメリカのボーインク社研究開発チームにより創成された直接剛性法 (Direct Stiffness Method) は，奇しくも同年発表された IBM650 電子計算機の出現とその爆発的発展に支えられ，有限要素法[*1]と名を変えて差分法と並び計算力学，計算科学万能時代を迎えるに至った．その主流は変位を未知量にとる変位法 (Displacement Method) であり，これに対して応力を未知量にとる応力法 (Force Method あるいは Equilibrium Method) はその後の変位法の実用化が爆発的に進んだためにほとんど顧みられなくなり，今日では有限要素法はすなわち変位法のことを暗に指すといえるほどに至った．そして情報工学の目覚ましい発展に触発され，既存の汎用ソフトをブラックボックス化し，設計から工場生産のプロセスまで自動化しようとする生産自動化が花盛りになった．しかしながら真の自動化は計算力学と情報工学の理想的融合によってのみ達成されるのであり，そのベースとなる計算力学がいくつかの重要な問題を抱えたまま設計や生産の自動化のみがどんどん進んでいる現状にいささかの危惧の念を抱いているのは著者だけでないと思っている．

　近代熱力学の創始者である Josiah Willard Gibbs は，等温あるいは断熱の温度条件下で，変形する固体のひずみエネルギーの存在と正値性 (positive definiteness)

[*1]　（編者注）「有限要素」という言葉は，著者である川井忠彦先生が最初に英語を訳され使用された．

の仮定のもとで，次のような重要な定理を確立した[1, 2].

(1) 弾性静力学 (elastostatics) と動力学 (dynamics) における解の唯一性 (the uniqueness of the solution)，(2) 最小ポテンシャルエネルギーの原理，(3) 最小コンプリメンタリーエネルギーの原理.

構造設計などでは (2) にもとづく上界解と (3) にもとづく下界解の間の"挟み撃ち"によって正しい剛性評価がなされていなければならない．前者の (2) の方法は変位法とよばれ，後者 (3) は応力法とよばれている．しかしながら，1956 年における，R. W. Clough, H. C. Martin および L. J. Topp 教授を含む，M. J. Turner と Boeing Airplane 社の彼の研究集団によって提案された Direct Stiffness Method[3] の出現により，応力法はたちまちのうちに消え去ることになった．

確かに，変位法による有限要素法の今日までの開発と発展は信じられないほど急速に進み，そして，科学技術を推し進めるツールとして確立されてきている．しかしながら，変位法は真の解に対しての上界解を与えることができるだけであり，最小ポテンシャルエネルギー原理にもとづく変位法による解と最小コンプリメンタリーエネルギーの原理にもとづく応力法による解とのあいだで，真の解を挟み撃ちにすることができる実用的な方法の開発は長い間の夢であった．また，両者の混合による有限要素解析法の開発は，今世紀における科学技術の未踏分野への挑戦のためにも再考されるべきものである．なぜならば，有限の要素に分割されている場合に，そのほとんどの要素は要素間の結合部分をもっており，ゆえに変位と応力の両方から成る状態ベクトルの要素間での連続性がすべての結合境界で任意に満たされることが要求される．このことは，混合有限要素解析法の開発の重要性を示唆している．

著者は，正解の存在範囲を上界解と下界解のよって挟み撃ちによって確認できる方法の研究を長年行ってきたが，ようやく Gauss の発散定理を用いて，仮想仕事の原理と補仮想仕事の原理を統合した「統一エネルギー原理」とでもよぶべき新しい混合変分原理を誘導することができたと考えている．本書は，技術計算の信頼性をより向上させるための固体力学の新しい混合変分原理の開発に関するものである．

1.2 エネルギー原理の発展小史

力学の根本原理である仮想仕事の原理 (principle of virtual work) の源をたどるとアリストテレス (384–322B.C.) の昔に遡るといわれているが，その基礎が固まったのは Bernoulli, Euler, Lagrange の時代 (18 世紀前半) である．

しかしながら，実用的解析法として今日使われているポテンシャルエネルギー最小の原理は，1875 年に非平衡熱力学の開祖 J. Willard Gibbs (米) により提案された．このポテンシャルエネルギー最小の原理にもとづく変位法は，20 世紀初頭に Rayleigh と Ritz によって開発され，そして技術者のツールとして，S.P. Timoshenko[4]や多くの人々によって 20 世紀中盤までに確立された．一方，H. M. Westergaard[5]によると，コンプリメンタリーエネルギー最小の原理は，1889 年ドイツの F. Z. Engesser[6]により提案された．しかもこの原理は，1873–79 年に発表された弾性学の基本的かつ貴重なツールである A. Castigliano の定理をも含んでいる．その後長い間，構造力学での興味は弾性にとどまっていたため，1962 年の Zürich で開催された The 2nd International Congress of Applied Mechanics での E. T. Trefftz[7]による発表論文まで，Engesser の論文が長い間ほとんど気づかれずにいたことは不思議なことではない．20 世紀半ばからの "NASTRAN" を初めとしたプログラム開発において，当初，応力法は変位法と競争していたが変位法の目覚しい発展にたちまち遅れをとり，不幸にもその開発はあきらめられたのである[8]．

仮想仕事の原理は変位を，補仮想仕事の原理は応力を独立変数として導かれた固体力学の変分原理であり，互いにまったく無関係に提案されたが，1914 年 E. Hellinger[9]により始めて変位と応力を互いに独立変数と考える混合変分原理が提示され，1950 年 E. Reissner[10]がこの問題を再び取り上げ，今日 Hellinger–Reissner の名でよばれる混合変分原理が定式化され，変位と応力からなる固体の状態ベクトルにもとづく混合法による解法への扉を開いた．この原理は 1955 年 3 月奇しくも同時に中国の胡 (Hu)[11]，日本の鷲津 (Washizu)[12]によりポテンシャルエネルギー最小の原理から Lagrange 乗数を用いたもっとも一般的な混合

変分原理，すなわち Hu–Washizu の原理の開発に結実した．鷲津は次のように述べている，すなわち，すべての変分原理は相互に結びついており，Friedrich 変換によって仮想仕事の原理から補仮想仕事の原理に，またその逆も Reissner の原理を経てそれぞれ互いに変換可能である．

そして鷲津と研究上密接な関係にあった T. H. H. Pian(米)[14] のハイブリッド有限要素法 (Hybrid Finite Element Method) が誕生するきっかけとなった．このような業績は，その後の有限要素法の現在までに至る発展に大きなインパクトを与えた．ベルギーの Liege 大学の B. Fraeijs de Veubeke[13] 教授は，初めて有限要素法の変分的な基礎について述べ，1965 年に出版された O. C. Zienkiewicz と G. S. Hollister 監修の応力解析についての本[54]の 9 章の中で変位法と応力法の比較を行っている．

また，1956 年には L. R. Herrmann[15] が板曲げ問題における有限要素法 (変位法) による対応の困難さを指摘し，新しい混合法による解法を提案している．

しかしながら現在，標準的に用いられている有限要素法はほとんどが変位法であり，構造物の剛性を高めに評価する方法なので変位または応力は低めに出てくる．したがって強度設計の観点からすると非安全側の方法になってしまうのである．ここに構造設計における安全率という考え方の根源がある．これに対し応力法または平衡法 (Equilibrium Method) は構造物の剛性を低めに評価するので，変位または応力は高めに評価されることになり，剛性の下界 (lower bound) がわかることになる．したがって強度設計の観点からぜひともこの手法の実用化が待望され，ようやく 1926 年，ドイツの E. Trefftz[7] により弾性棒のねじり剛性に関する下界解法が発表された．

しかしこのような下界解法に関する論文が出されたのは，後にも先にもこの論文だけで今日までその実用化の夢は実現していないのである．私は，半世紀前にアメリカで開発された NASTRAN の開発競争で，変位法に破れ衰退してしまった応力法を復活させ，答えがわかっていない問題を上下界挟み撃ちできる新解析法を開発するには仮想仕事の原理と補仮想仕事の原理を統一化した新原理の発見が先決であると推論し長年にわたってこの線に沿った研究を行ってきた．そして 2000 年に "The force method revisited"[17] と題した論文を発表した．この論文において，私は周知の Reissner の原理にもとづき，自由境界縁に沿ったせん断分

配荷重によるカンチレバープレートの面内の曲がりの有限要素解析を実行した．この研究結果は，数値解析結果の単調な収束が観測されなかったのであまり説得力のあるものではなかった．

私は，この不満足な計算結果はReissnerの変分原理がLagrange乗数を使用していることに関係しているかもしれないと考えた．そこで，Lagrange乗数を使わない新しい混合変分原理を開発することに挑戦する決心をしたわけである[18]．

そして，Gaussの発散定理を用いてひずみエネルギー積分を変換すると，変位と応力の状態ベクトルが正解の場合に，ひずみエネルギー積分の2倍が体積力や境界表面力，および境界変位のなす仕事あるいはこれらの仕事項がおのおののポテンシャルに等しいというエネルギー保存則が成立することがわかった．ところがこの関係式の存在は1975年，MITのJ. B. Martin[16]が自著の中でまったく同じ式を同じ方法で仮想仕事の原理にもとづいて導入し，この式を基礎にして950頁を超える独自の塑性理論を展開していることを知った[*2]．しかしながら私は，このエネルギー保存則は固体の状態ベクトル(u_i, σ_{ij})が正解の場合に成立する式であり，一般にはその近似解を求めることが実用上問題となるのであると考えた．

そして，最良の近似解は変位と応力を独立変数としてその第一変分をとり，ゼロとおけば求まるのではなかろうかと考え，この本で紹介する仮称「統一エネルギー原理」(unified energy principle)を発見したのである[*3]．

この新しいエネルギー原理の考え方はMartin教授の本の中では述べられておらず，もっぱら数理塑性論の枠内でPragerに始まりHodge, Greenberg, Koiter, Hill, Druckerら塑性論開拓者達の1942年から1970年頃までの業績を紹介した後，自らが開発した塑性ひずみ速度に関する新しい運動学理論について述べるに留まっていることがわかった．

さて，この新エネルギー原理の固体力学的観点に立った証明は2章で紹介するように，一応できたと考えるが，その数学的証明は関数解析の専門家に期待する

[*2] (著者注) J. B. Martinの本は北川浩大阪大学名誉教授にご紹介いただいた．
[*3] (編者注) 本書における「統一エネルギー原理」という用語は，筆者の命名した言葉であり，都度「仮称」と付記していることに注意いただきたい．この用語に対しては，「全エネルギー停留原理」(あるいは最小化)とよぶ筆者メモも残されている．この用語は本書で明らかとなるように，物理的な意味でエネルギーの統一を意味するものではなく，変分原理における変位を基本変数とした「最小ポテンシャルエネルギーの原理」と，応力を基本変数としたとした「最小コンプリメンタリー原理」の両者が共存する定式化を意識したものと捉えるべきものである．

ほかないと考える．そこでここでは上下界挟み撃ちの解析例を示していくこととしたい．

　また，この新エネルギー原理の連続体力学への応用を検討しているうち，故 藤野 勉 (元東海大教授) が連続体力学に対する仮想仕事的定式化をロシアの数学者 S. G. Mikhlin[39]の書いた偏微分方程式論にもとづいて組織的に行っていることを知った．この藤野教授の研究を足場に連続体力学の統一エネルギー原理による定式化は不可能ではないと考えている．また，3 章でも論ずるが，変位関数を，固体内の一点を原点とする局所座標系で表し，その点のまわりの Maclaurin 展開式の検討を行った．そして 1845 年，G. G. Stokes が「その 1 次項は構造不静定 (statically indeterminate) な剛体変位関数と定ひずみ場の変位関数の和を表している」という論文を書いていることがわかった．この事実を有限要素法的に解釈すると各有限要素において仮定する変位関数は互いに独立であることを意味している．換言するとこのような定式化を行うことにより，コンクリート，その他の複合材料，土質岩盤力学や多結晶体力学などと不連続体力学 (Discontinuum Mechanics) への新しい糸口発見の可能性が見えてくるのである．

2 新しい混合変分原理

2.1 Gauss の発散定理より導かれる統一エネルギー原理

　微小変位弾性論によると物体力 $\bar{p}_i$ と応力境界 S_σ 上に働く境界力 $\bar{t}_i$ を受け，また変位境界 S_u 上で強制変位 $\bar{u}_i$ を受けて変形する弾性体に生ずる応力を σ_{ij}，ひずみを ε_{ij} とすれば，弾性体内の状態ベクトル (変位 u_i と応力 σ_{ij}) は次の平衡条件式とひずみ変位関係式ならびに境界条件を満足しなければならない．

$$\sigma_{ij,j} + \bar{p}_i = 0 \text{ in } V \tag{2.1}$$

$$\varepsilon_{ij} = \frac{1}{2}(u_{i,j} + u_{j,i}) \tag{2.2}$$

固体の境界面を S とすれば $S = S_\sigma + S_u$ であり，
応力境界条件：

$$t_i = \bar{t}_i \text{ on } S_\sigma, \qquad t_i = \sigma_{ij} n_j \tag{2.3a}$$

変位境界条件：

$$u_i = \bar{u}_i \text{ on } S_u \tag{2.3b}$$

また，

$$S = S_\sigma + S_u \tag{2.3c}$$

で与えられる．固体の境界は正確には外部境界とよばれ，S_σ と S_u は重なることなく，その和が境界 S を形成することになるが，もし境界 S が内部である場合は式 (2.3) は S_σ と S_u を重ねて $S = S_\sigma + S_u$ と考える必要がある．

　式 (2.2) は微小変位弾性論におけるひずみ–変位の関係式である．また式 (2.3a) の n_j は境界面 S 上に立てられた外向き単位法線を示している．

さて次式で与えられる体積積分の Gauss の発散定理による変換を考える．すなわち

$$\int_V \sigma_{ij}\, \varepsilon_{ij}\, dV = \frac{1}{2}\int_V \sigma_{ij}(u_{i,j} + u_{j,i})\, dV \tag{2.4}$$

の式を次式で与えられる Gauss の発散定理

$$\int_V A_{i,i}\, dV = \int_S A_i\, n_i\, dS \tag{2.5}$$

を用いて変形し，応力 σ_{ij} の対称性

$$\sigma_{ij} = \sigma_{ji} \tag{2.6}$$

を導入すると，容易に次式が成立することがわかる．すなわち

$$\int_V \sigma_{ij}\, \varepsilon_{ij}\, dV = \frac{1}{2}\int_V \sigma_{ij}(u_{i,j} + u_{j,i})\, dV = \int_S t_i\, u_i\, dS - \int_V \sigma_{ij,j}\, u_i\, dV \tag{2.7}$$

ところが σ_{ij} と u_i は互いに独立な変数であり，固体の占める領域 V についても物体力 $\bar{p}_i$ の外に S_σ 上に境界外力 $\bar{t}_i$，S_u 上で強制変位 $\bar{u}_i$ を受けると仮定すれば，次のような関係式が得られる．

$$\int_V \sigma_{ij}\, \varepsilon_{ij}\, dV = \int_{S_\sigma} \bar{t}_i\, u_i\, dS + \int_{S_u} \bar{u}_i\, t_i\, dS + \int_V \bar{p}_i\, u_i\, dV \tag{2.8}$$

この式の誘導には式 (2.1), (2.3a), (2.3b), (2.3c) が用いられた．

さて式 (2.8) は互いに独立に仮定した変位 u_i と応力 σ_{ij} であるが，式 (2.1), (2.2) および (2.3) で定義された固体力学境界値問題の正解であるならば成立する恒等式である．

力学的には固体が物体力 $\bar{p}_i$ および境界力 $\bar{t}_i$ を S_σ 上に，また強制変位 $\bar{u}_i$ を S_u 上で受けて変形し，平衡状態にあるとき，その固体内に貯えられるひずみエネルギーは境界力 $\bar{t}_i$，物体力 $\bar{p}_i$ および分布する境界変位 $\bar{u}_i$ のなす仕事 (あるいはポテンシャル) に等しいことを示すエネルギー保存則[*1]である．

[*1] (編者注) つり合い状態にある応力と変位から計算される不変量としてのエネルギーが，結果として常に保存されるという性質を示すものがエネルギー保存則である．一方，仮想仕事式に代表される変分方程式は，仮想変位のような許容変数あるいは変分に対して成立する式であり，つり合い状態を別の形で表したものである．したがって，エネルギー保存則から変分方程式が導かれるという考え方は通常成り立たないが，ここでは問題を記述する変分方程式を導くための着想の過程でエネルギー保存則を考えたと解釈すべきである．

しかしながら実際の解析において，変位 u_i も応力 σ_{ij} も近似解しか求まらないのが普通である．したがって最も正解に近い (u_i, σ_{ij}) の近似解は，次の変分方程式を満足しなければならない．

$$\delta \int_V \sigma_{ij}\, \varepsilon_{ij}\, \mathrm{d}V - \int_V \bar{p}_i\, \delta u_i\, \mathrm{d}V - \int_{S_\sigma} \bar{t}_i\, \delta u_i\, \mathrm{d}S - \int_{S_u} \bar{u}_i\, \delta t_i\, \mathrm{d}S = 0 \quad (2.9)$$

この式はまた次のように書くこともできる．

$$\left(\int_V \sigma_{ij}\, \delta\varepsilon_{ij}\, \mathrm{d}V - \int_V \bar{p}_i\, \delta u_i\, \mathrm{d}V - \int_{S_\sigma} \bar{t}_i\, \delta u_i\, \mathrm{d}S \right)$$
$$+ \left(\int_V \varepsilon_{ij}\, \delta\sigma_{ij}\, \mathrm{d}V - \int_{S_u} \bar{u}_i\, \delta t_i\, \mathrm{d}S \right) = 0 \quad (2.10)$$

ここで変位 u_i と応力 σ_{ij} は互いに独立な変数であるから (u_i, σ_{ij}) が正解を与えるときには次の 2 式が同時に成立しなければならない[*2]．

$$\int_V \sigma_{ij}\, \delta\varepsilon_{ij}\, \mathrm{d}V - \int_V \bar{p}_i\, \delta u_i\, \mathrm{d}V - \int_{S_\sigma} \bar{t}_i\, \delta u_i\, \mathrm{d}S = 0 \quad (2.11)$$

$$\int_V \varepsilon_{ij}\, \delta\sigma_{ij}\, \mathrm{d}V - \int_{S_u} \bar{u}_i\, \delta t_i\, \mathrm{d}S = 0 \quad (2.12)$$

式 (2.11) はよく知られた仮想仕事の原理，式 (2.12) は補仮想仕事の原理にほかならない．逆に (u_i, σ_{ij}) が正解であるならば，式 (2.11) も式 (2.12) も同時に成立するから当然式 (2.9) が成り立つ．

したがって任意の変位 u_i と応力 σ_{ij} に対して，正解は式 (2.9) で与えられる変分方程式を満足しなければならない．

$$\delta \int_V \sigma_{ij}\, \varepsilon_{ij}\, \mathrm{d}V - \int_V \bar{p}_i\, \delta u_i\, \mathrm{d}V - \int_{S_\sigma} \bar{t}_i\, \delta u_i\, \mathrm{d}S - \int_{S_u} \bar{u}_i\, \delta t_i\, \mathrm{d}S = 0 \quad (2.9)$$

この式を統一エネルギー原理 (unified energy principle) と仮称する．式 (2.9) において変分をとる変位 u_i および応力 σ_{ij} は互いに独立であり，次の条件を満足する関数であることを再度強調しておきたい．

(1) 変位 u_i：ひずみ成分 ε_{ij} を式 (2.2) により定義し，また変位境界条件 (2.3b) を満足する．

[*2] (編者注) 問題設定において既知である体積力，表面力，変位の既定値に対しては変分を考えない．

(2) 応力 σ_{ij}：平衡条件 (2.1) および応力境界条件 (2.3a) を満足し，また応力の対称性 $\sigma_{ij} = \sigma_{ji}$ を満たす関数．

したがって式 (2.7) より

$$\delta \int \sigma_{ij}\,\varepsilon_{ij}\,\mathrm{d}V = \delta \int_S t_i\,u_i\,\mathrm{d}S - \delta \int_V \sigma_{ij,j}\,u_i\,\mathrm{d}V$$

$$= \int_S (\delta t_i\,u_i + t_i\,\delta u_i)\,\mathrm{d}S - \int_V (\delta \sigma_{ij,j}\,u_i + \sigma_{ij,j}\,\delta u_i)\,\mathrm{d}V$$

であるから式 (2.9) はまた次式のように変形される．

$$\int_{S_\sigma} (t_i - \bar{t}_i)\,\delta u_i\,\mathrm{d}S + \int_{S_u} (u_i - \bar{u}_i)\,\delta t_i\,\mathrm{d}S - \int_V (\sigma_{ij,j} + \bar{p}_i)\,\delta u_i\,\mathrm{d}V$$

$$- \int_V u_i\,\delta \sigma_{ij,j}\,\mathrm{d}V = 0 \qquad (u_i,\ \sigma_{ij}\ \text{に関して}) \qquad (2.13)$$

この式 (2.13) で u_i と σ_{ij} は互いに独立であるから，結局次の 2 つの変分方程式が成立することになる．

$$\int_{S_\sigma} (t_i - \bar{t}_i)\,\delta u_i\,\mathrm{d}S - \int_V (\sigma_{ij,j} + \bar{p}_i)\,\delta u_i\,\mathrm{d}V = 0 \qquad (u_i\ \text{に関して}) \qquad (2.14)$$

$$\int_{S_u} (u_i - \bar{u}_i)\,\delta t_i\,\mathrm{d}S - \int_V u_i\,\delta \sigma_{ij,j}\,\mathrm{d}V = 0 \qquad (\sigma_{ij}\ \text{に関して}) \qquad (2.15)$$

式 (2.14), (2.15) はそれぞれ仮想仕事の原理 (2.11)，補仮想仕事の原理 (2.12) に対応している別表現の式であることはいうまでもない．

ところで，式 (2.13) あるいは式 (2.15) で $\int_V u_i\,\delta \sigma_{ij,j}\,\mathrm{d}V = 0$ である．何となれば σ_{ij} は平衡条件 (2.1) を満足するから $\delta \sigma_{ij,j} = -\delta \bar{p}_i = 0$ (なぜならば $\bar{p}_i$ は与えられた物体力成分) である．すなわち，純力学的問題の場合にはこの項は考慮する必要はない．したがって，純力学的問題の場合の統一エネルギー原理の (変形された) 式は，式 (2.13) より式 (2.16) のようになる．

$$\int_{S_\sigma} (t_i - \bar{t}_i)\,\delta u_i\,\mathrm{d}S + \int_{S_u} (u_i - \bar{u}_i)\,\delta t_i\,\mathrm{d}S$$

$$- \int_V (\sigma_{ij,j} + \bar{p}_i)\,\delta u_i\,\mathrm{d}V = 0 \qquad (u_i,\ \sigma_{ij}\ \text{に関して}) \qquad (2.16)$$

2.1.1 固体が線形弾性体の場合

これまで応力–ひずみ関係式について一切触れなかったが,実際に式 (2.13) を使用することを考えた場合には,応力–ひずみ関係を用いることになる.

特に考えている固体が線形弾性体であるとすれば,一般に次のような関係式が応力 σ_{ij} とひずみ ε_{ij} の間に成立する.

$$\sigma_{ij} = a_{ijkl}\,\varepsilon_{kl}, \qquad \varepsilon_{ij} = b_{ijkl}\,\sigma_{kl}$$

したがって,ひずみエネルギー $U(\varepsilon_{ij})$ あるいは補ひずみエネルギー $U_c(\sigma_{ij})$ はそれぞれ次式で与えられる.

$$U(\varepsilon_{ij}) = \frac{1}{2} a_{ijkl}\,\varepsilon_{ij}\,\varepsilon_{kl} \tag{2.17}$$

$$U_c(\sigma_{ij}) = \frac{1}{2} b_{ijkl}\,\sigma_{ij}\,\sigma_{kl} \tag{2.18}$$

あるいはマトリックス形で表示すれば

$$\{\sigma\} = [D]\{\varepsilon\} \tag{2.19}$$

$$\{\varepsilon\} = [C]\{\sigma\} \tag{2.20}$$

ここに $[D]$, $[C]$ はいずれも (6×6) の正値対称マトリックス (positive definite matrices) である.このときひずみエネルギー関数 (strain energy function) $U(\varepsilon_{ij})$ およびコンプリメンタリーエネルギー関数 (complimentary energy function) $U_c(\sigma_{ij})$ はそれぞれ次式のように与えられる.

$$U(\varepsilon_{ij}) = \frac{1}{2}\{\varepsilon\}^\mathsf{T}[D]\{\varepsilon\} \tag{2.21}$$

$$U_c(\sigma_{ij}) = \frac{1}{2}\{\sigma\}^\mathsf{T}[C]\{\sigma\} \tag{2.22}$$

等方性弾性体で直角座標系を用いた場合 $\{\sigma\}^\mathsf{T}$, $\{\varepsilon\}^\mathsf{T}$, $[D]$, $[C]$ はそれぞれ次式のように与えられる.

$$\{\sigma\}^\mathsf{T} = \lfloor \sigma_x, \sigma_y, \sigma_z, \tau_{xy}, \tau_{yz}, \tau_{zx} \rfloor \tag{2.23a}$$

$$\{\varepsilon\}^\mathsf{T} = \lfloor \varepsilon_x, \varepsilon_y, \varepsilon_z, \gamma_{xy}, \gamma_{yz}, \gamma_{zx} \rfloor \tag{2.23b}$$

$$[D] = \begin{bmatrix} \dfrac{(1-\nu)2G}{1-2\nu} & \dfrac{\nu 2G}{1-2\nu} & \dfrac{\nu 2G}{1-2\nu} & 0 & 0 & 0 \\ \dfrac{\nu 2G}{1-2\nu} & \dfrac{(1-\nu)2G}{1-2\nu} & \dfrac{\nu 2G}{1-2\nu} & 0 & 0 & 0 \\ \dfrac{\nu 2G}{1-2\nu} & \dfrac{\nu 2G}{1-2\nu} & \dfrac{(1-\nu)2G}{1-2\nu} & 0 & 0 & 0 \\ 0 & 0 & 0 & G & 0 & 0 \\ 0 & 0 & 0 & 0 & G & 0 \\ 0 & 0 & 0 & 0 & 0 & G \end{bmatrix} \quad (2.24)$$

$$[C] = \begin{bmatrix} \dfrac{1}{E} & -\dfrac{\nu}{E} & -\dfrac{\nu}{E} & 0 & 0 & 0 \\ -\dfrac{\nu}{E} & \dfrac{1}{E} & -\dfrac{\nu}{E} & 0 & 0 & 0 \\ -\dfrac{\nu}{E} & -\dfrac{\nu}{E} & \dfrac{1}{E} & 0 & 0 & 0 \\ 0 & 0 & 0 & \dfrac{1}{G} & 0 & 0 \\ 0 & 0 & 0 & 0 & \dfrac{1}{G} & 0 \\ 0 & 0 & 0 & 0 & 0 & \dfrac{1}{G} \end{bmatrix} \quad (2.25)$$

もちろん

$$U(\varepsilon_{ij}) = U_c(\sigma_{ij}) = \frac{1}{2}[\varepsilon]^\mathsf{T}[\sigma] \quad (2.26)$$

である.

ところで,物体力 $\bar{p}_i$,表面力 $\bar{t}_i$ ならびに強制変位 $\bar{u}$ がいずれもポテンシャルをもつ場合,仮想仕事の原理は最小ポテンシャルエネルギーの原理 (principle of minimum potential energy) に,補仮想仕事の原理は最小コンプリメンタリーエネルギーの原理 (principle of minimum complementary energy) に変換される.

ここで,$W_p(u_i)$, $W_c(\sigma_{ij})$, $U_p(u_i)$, $U_c(\sigma_{ij})$ を次のように定義する.

$$W_p(u_i) = \int_v \bar{p}_i\, u_i\, \mathrm{d}V + \int_{S_\sigma} \bar{t}_i\, u_i\, \mathrm{d}S$$

$$W_c(\sigma_{ij}) = \int_{S_u} \bar{u}_i\, t_i\, \mathrm{d}S$$

$$U_p(u_i) = \int_c \sigma_{ij}\, \mathrm{d}\varepsilon_{ij} = A(\varepsilon_{ij})$$

$$U_c(\sigma_{ij}) = \int_c \varepsilon_{ij}\,\mathrm{d}\sigma_{ij} = B(\sigma_{ij})$$

ただし，c は応力-ひずみ関係の荷重経路である．

また，ポテンシャルエネルギーを $\Pi_p(u_i)$，コンプリメンタリーエネルギーを $\Pi_c(\sigma_{ij})$ とすれば

$$\Pi_p(u_i) = U_p(u_i) - W_p(u_i), \qquad \Pi_c(\sigma_{ij}) = U_c(\sigma_{ij}) - W_c(\sigma_{ij})$$

となり，さらに

$$\Pi_t(u_i,\sigma_{ij}) = \Pi_p(u_i) + \Pi_c(\sigma_{ij})$$

とすると，この場合，統一エネルギー原理の (変形された) 式 (2.16) は，次のようになる．

$$\delta\Pi_t(u_i,\sigma_{ij}) = \delta\Pi_p(u_i) + \delta\Pi_c(\sigma_{ij}) = 0 \qquad (u_i,\sigma_{ij}\text{ に関して}) \tag{2.27}$$

すなわち，この $\Pi_t(u_i)$ を全エネルギーとよぶとすると，統一エネルギー原理は全エネルギーの最小化の原理といえる．これは，当然ながら $\Pi_p(u_i)$ と $\Pi_c(\sigma_{ij})$ のそれぞれの最小化原理と等価である．

2.1.2 応力-ひずみ関係が非弾性の場合

応力-ひずみ関係が線形でない場合について，この統一エネルギー原理を適用する．単純化のため，ひずみエネルギーとそのコンプリメンタリーエネルギーは図 2.1 の σ-ε で囲まれた面積で定義されるものとする．

σ-ε の関係において負荷経路 C が直線経路でない場合に，ひずみエネルギー $A(\varepsilon)$ を

$$A(\varepsilon) = \int_C \sigma\,\mathrm{d}\varepsilon \tag{2.28a}$$

コンプリメンタリーひずみエネルギー $B(\sigma)$ を

$$B(\sigma) = \int_C \varepsilon\,\mathrm{d}\sigma \tag{2.28b}$$

とすれば，

$$A(\varepsilon) + B(\sigma) = \sigma\varepsilon \tag{2.28c}$$

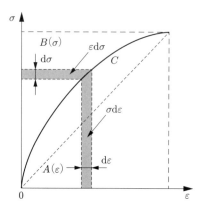

図 2.1 応力–ひずみ関係則とひずみエネルギー $A(\varepsilon)$ とコンプリメンタリーエネルギー $B(\sigma)$ の概念図．C は σ–ε 上の荷重経路を示す．

となる．

さて，ここで全ひずみ理論や塑性流動理論のように応力–ひずみ関係が次のように与えられるとする．

$$\sigma_{ij} = f(\varepsilon_{kl}) \qquad (i,j,k,l = 1,2,3) \tag{2.29}$$

もしも，ある定義された領域について $\sigma_{ij} = 0$，$\varepsilon_{kl} = 0$，そしてヤコビアン $\partial(\sigma_{11},\sigma_{22},\cdots)/\partial(\varepsilon_{11},\varepsilon_{22},\cdots) \neq 0$ であるならば，次のような式 (2.29) の逆の関数が唯一定義できる．

$$\varepsilon_{ij} = g(\sigma_{kl}) \qquad (i,j,k,l = 1,2,3) \tag{2.30}$$

さらに，次のようなひずみエネルギー関数 $A(\varepsilon_{ij})$ の存在と，その正値性（凸関数）が仮定される．

$$dA(\varepsilon_{ij}) = \sigma_{ij}\, d\varepsilon_{ij} \tag{2.31}$$

$$\delta^2 A = \frac{\partial^2 A}{\partial \varepsilon_{ij}\, \varepsilon_{kl}} \delta\varepsilon_{ij}\, \delta\varepsilon_{kl} \geq 0 \tag{2.32}$$

そして，コンプリメンタリーエネルギー関数 $B(\sigma_{ij})$ とその正値性（凸関数）も次のように仮定される[*3]．

[*3] (編者注) 材料に蓄積されたエネルギーの観点からは式 (2.28a), (2.28b), (2.28c) で与えられる負

$$\mathrm{d}B(\sigma_{ij}) = \varepsilon_{ij}\,\mathrm{d}\sigma_{ij} \tag{2.33}$$

$$\delta^2 B = \frac{\partial^2 B}{\partial \sigma_{ij}\,\partial \sigma_{kl}}\delta\sigma_{ij}\,\delta\sigma_{kl} \geq 0 \tag{2.34}$$

したがって，これらの式 (2.29)–(2.34) の条件が成立するならば，式 (2.27) は次のように表すことができる．

$$\left[\int_V \delta A(u_i)\,\mathrm{d}V - \int_V \bar{p}_i\,\delta u_i\,\mathrm{d}V - \int_{S_\sigma} \bar{t}_i\,\delta u_i\,\mathrm{d}S\right]$$
$$+ \left[\int_V \delta B(\sigma_{ij})\,\mathrm{d}V - \int_{S_u} \bar{u}_i\,\delta t_i\,\mathrm{d}S\right] = 0 \quad (u_i,\sigma_{ij} \text{ に関して}) \tag{2.35}$$

式 (2.35) の左辺の 1 番目の括弧内と 2 番目の括弧内の合成がゼロというとこは，u_i に着眼した仮想仕事の原理と σ_{ij} に着眼した補仮想仕事の原理が共存していることを表す．したがって，式 (2.35) は，仮想仕事の原理と補仮想仕事の原理を統一する新しい混合変分原理[*4]であると結論づけることができる．

特に，もし式 (2.29) と (2.30) が同時に掲げられているならば，仮想仕事の原理と補仮想仕事の原理は互いに独立になる．理論的には，前者 (仮想仕事の原理) は $A(\varepsilon_{ij})$ に対して上界解を与え，一方後者 (補仮想仕事の原理) は $B(\sigma_{ij})$ に対して下界解を与える．

かくして，次のように結論付けることができる．すなわち，$A(\varepsilon_{ij})$ または $B(\sigma_{ij})$ の存在とその正値性が保証される場合には，式 (2.35) で与えられる新しい混合変分原理すなわち統一エネルギー原理を用いて，単調に収束する近似解を求めることができる．

2.2 統一エネルギー原理と Hellinger–Reissner の原理との比較

1950 年に Reissner[10]は，次のような変位境界についての Lagrange 乗数の導入よる最小ポテンシャルエネルギーの原理を最初に提案した．

荷経路に沿った積分としてひずみエネルギーおよび補ひずみエネルギーを定義するが，変分法的定式化の枠組みでは式 (3.4)–(3.9) の関係を満たすものとしてひずみエネルギーおよび補ひずみエネルギー値が定義されていればよい．

[*4] (編者注) 変分原理に関する理論的な枠組みでは，「混合変分原理」という用語は，Lagrange 未定乗数法を基礎として，変位と応力など複数の独立変数で記述された定式化について用いられている．これは「混合変分原理」の狭義の定義と考えられる．一方，本書では変位と応力など複数の独立変数で記述された定式化を「混合変分原理」とする広義の定義を採用している．

すなわち Reissner の原理は，ポテンシャルエネルギー最小の原理の汎関数の中に変位境界条件 $u_i = \bar{u}_i$ on S_u を Langrange の未定係数 λ_i を導入して取り込み，u_i, σ_{ij} および λ_i に関する変分問題に一般化し，次式のように導かれる．

$$\delta \int_V [\sigma_{ij}\,\varepsilon_{ij} - B(\sigma_{ij}) - \bar{p}_i u_i]\,\mathrm{d}V - \int_{S_\sigma} \bar{t}_i\,\delta u_i\,\mathrm{d}S - \delta \int_{S_u} \lambda_i (u_t - \bar{u}_t)\,\mathrm{d}S = 0 \quad (2.36)$$

ここに $B(\sigma_{ij}) = \int_C \varepsilon_{ij}\mathrm{d}\sigma_{ij}$ は荷重経路 C に沿ってのコンプリメンタリーエネルギーの積分を表す．その結果導出される $\lambda_i = t_i = \sigma_{ij} n_j$ on S_σ の条件を元の変位式 (4.1) に代入すると最終的に次式に示すような変分原理が導出される[*5]．

$$\int_{S_\sigma} (t_i - \bar{t}_i)\,\delta u_i\,\mathrm{d}S - \int_{S_u} (u_i - \bar{u}_i)\,\delta t_i\,\mathrm{d}S - \int_V (\sigma_{ij,j} + \bar{p}_i)\,\delta u_i\,\mathrm{d}V = 0 \quad (2.37)$$

これに対して統一エネルギー原理から導かれる変分式は，式 (2.13) において $\int_V u_i \delta\sigma_{ij,j}\mathrm{d}V = 0$ であるから，次式のように与えられる．

$$\int_{S_\sigma} (t_i - \bar{t}_i)\,\delta u_i\,\mathrm{d}S + \int_{S_u} (u_i - \bar{u}_i)\,\delta t_i\,\mathrm{d}S - \int_V (\sigma_{ij,j} + \bar{p}_i)\,\delta u_i\,\mathrm{d}V = 0 \quad (2.38)$$

さて，式 (2.37) と統一エネルギー原理による式 (2.38) の違いは明白である，すなわち，唯一の違いは [純力学問題として式 (2.13) の左辺の最後の項 $\int_V u_i\,\delta\sigma_{ij,j}\,\mathrm{d}V$ を除いた場合であるが] 2 番目の項，すなわち，変位境界 S_u 上のエネルギー積分 $\int_{S_u}(u_i - \bar{u}_i)\,\delta t_i\,\mathrm{d}S$ の前の符号である．

簡潔にするために以下の条件下での線形弾性問題を考えると，前項ですでに述べたように，

$$\delta\Pi_t(u_i, \sigma_{ij}) = \delta\Pi_p(u_i) + \delta\Pi_c(\sigma_{ij}) = 0 \qquad (u_i, \sigma_{ij} \text{ に関して}) \quad (2.39)$$

ここで $\Pi_p(u_i)$, $\Pi_c(\sigma_{ij})$ はそれぞれ，そのシステムでのポテンシャルエネルギーとコンプリメンタリーエネルギーであり，そして，$\Pi_p(u_i)$, $\Pi_c(\sigma_{ij})$ の正値性に

[*5] （編者注）式 (2.37) について Hellinger–Reissner の原理から導かれる変分方程式は

$$\int_{S_\sigma} (t_i - \bar{t}_i)\,\delta u_i\,\mathrm{d}S - \int_{S_u} (u_i - \bar{u}_i)\,\delta t_i\,\mathrm{d}S - \int_V (\sigma_{ij,j} + \bar{p}_i)\,\delta u_i\,\mathrm{d}V$$
$$+ \int_V \left[\varepsilon_{ij}(u) - \frac{\partial W}{\partial \sigma_{ij}}(\sigma)\right]\delta\sigma_{ij}\,\mathrm{d}V = 0$$

となり，式 (4.2) では最後の積分の項が落ちている．これは，式 (2.15) から式 (2.16) を導く過程で応力変分の項を 0 と見なしたことをここでも適用しているものと思われる．

よって以下のように結論づけることができる．

$$\Pi_t(u_i, \sigma_{ij}) \to \min \qquad (u_i, \sigma_{ij} \text{ に関して}) \tag{2.40}$$

この $\Pi_t(u_i, \sigma_{ij})$ の最小化原理は $\Pi_p(u_i)$, $\Pi_c(\sigma_{ij})$ のそれぞれの最小化原理と等価である．

よって，近次解の単調収束は，$\Pi_p(u_i)$, $\Pi_c(\sigma_{ij})$ のそれぞれの最小化原理の統合によって期待できることが明らかになった[*6]．

一方，Reissner の原理では，$\Pi_p(u_i)$, $\Pi_c(\sigma_{ij})$ のそれぞれの最小化原理は互いに相容れず，不幸にして近次解の単調収束は保証されず，それは停留原理にすぎないといえよう．結論として，今回の新混合解法によれば，もし $A(\varepsilon_{ij})$ と $B(\varepsilon_{ij})$ の存在と正値性が確保されるならば，応力–ひずみ関係にかかわらず (言い換えれば，どのような形の応力–ひずみ関係であっても) 近似解の単調収束は保証することができる．結局，Reissner の原理と統一エネルギー原理の違いである変位境界 S_u 上のエネルギー積分 $\int_{S_u}(u_i - \bar{u}_i)\delta t_i \mathrm{d}S$ の前の符号の違いは重大であることがわかる．

2.3　エネルギー原理統合化の小史

ポテンシャルエネルギー最小の原理とコンプリメンタリーエネルギー最小の原理の統合を目差した研究のパイオニアは Hellinger–Reissner と思っていたが，最近 Y. C. Fung[1] の名著『固体の力学』を読んでいて，3次元弾性論の一般解を与えたイタリアの Finzi (1934) の仕事を絶讃している箇所を興味深く読んでいるうち，次のようなくだりのある所を偶然に発見した．

> Finzi の結果の巧妙な証明は古くはアメリカの Dorm と Schild[23] によって行われているが…

実は彼らの論文[23] を早速数回繰り返し読んだが，その内容とねらいが完全には理解できたとはいえない．しかし，彼らは「仮想仕事の原理と対をなしている補仮

[*6] (編者注) 近似解の単調収束に対しては，方程式が最小化問題として定式化できる性質とともに，メッシュ分割を表す有限要素近似部分空間の列に包含関係が成立する等の条件が厳密には必要となる．

想仕事の原理が $\sigma_{ij,j}=0$ なる応力 σ_{ij} に対して導かれる次の関係式

$$\int_V \sigma_{ij}\,\varepsilon_{ij}\,\mathrm{d}V = \int u_i\,\sigma_{ij}\,n_j\,\mathrm{d}S$$

を用いて導けることを主張していることがわかった．この論文をさらに読んでいくうち，彼らの重要なコメントに出会った．

> This theorem is similar to earlier results of Southwell[24] and to some recent results of H. L. Langhar and M. Stippes[25]…

この Dorn と Schild の仕事は，目的は違っているが著者が誘導したし，これら先覚者の方々は誰もが前出の変分式

$$\delta\int_V \sigma_{ij}\varepsilon_{ij}\mathrm{d}V - \int_V \bar{p}_i\delta u_i\mathrm{d}V - \int_{S_\sigma}\bar{t}_i\delta u_i\mathrm{d}S - \int_{S_u}\bar{u}_i\delta t_i\mathrm{d}S = 0 \qquad (2.9)$$

の存在に気付いておられなかったようである．いずれにしても仮想仕事の原理と補仮想仕事の原理を統合しようと試みたと思われる先駆者の名前をリストアップすると

1914 年　E. Hellinger

1936 年　R. Southwell

1950 年　E. Reissner

1954 年　H. L. Langhar, M. Stippes

1955 年　H. C. Hu, K. Washizu

1956 年　W. S. Dorn, A. Schild

となり，1950 年代の半ばにはベルギーの B. Fraeijs de Venbeke[13]，アメリカの T. H. H. Pian[14] の仕事も忘れてはならないことがわかった．ただ，いえることは Hellinger–Reissner[9,10] の論文の影響が大きく，みな Lagrange の未定係数法の導入によってエネルギー原理の統一化を図ろうとしているので，いずれも導かれた結果が停留原理に留まり，著者の導いた統一エネルギー原理のように下界の導出までには到っていないことがわかった．

前に述べたように統一エネルギー原理の誘導には Lagrange の未定係数を導入していないので，ひずみエネルギー関数の正値性 (positive definiteness) が成り

立つ限り，変位関数 u_i が自己平衡解すなわち $\sigma_{ij,j} = 0$ を満足している場合にははじめから下界解が得られ，満足していない場合でも近似度を高めていくと下界解は得られることを，別途示す一連の解析結果が物語っている．その厳密な数学的証明は関数解析の専門家に委ねることとし，本書ではもっぱらこの結論を立証する例題の収集に努力した．

2.4 統一エネルギー原理から導かれる 8 種類の解法

今回の新しい混合法に従って有限要素分割を用いて解く場合には，下記のような境界値問題を満たす 3 つの条件の組合せを考慮することにより 8 つの異なる解法が提案できる[*7]．

$$\text{平衡方程式} \quad \sigma_{ij,j}^{(k)} + p_i^{(k)} = 0 \text{ in } V_k$$
$$\text{応力境界条件} \quad t_i^{(k)} - t_i^{(l)} = 0 \text{ on } S_\sigma^{(kl)}$$
$$\text{変異境界条件} \quad u_i^{(k)} - u_i^{(l)} = 0 \text{ on } S_u^{(kl)}$$

ここで，$t_i^{(k)} = \sigma_{ij,j}^{(k)} \cdot n_j$ で，n_j は表面 $S_\sigma^{(j)}$ に垂直に外向きに引いた法線，(k) は要素番号，(l) は隣接する要素番号，(kl) は要素 k と l の境界の面をおのおの表す．

これらの 8 つの解法について，図 2.2 は導き方のプロセスを，表 2.1 と表 2.2 にはその結果を示す．

解法 (1) は他の 7 つの方法を含んだ形式になっており，それは一般的にはひずみエネルギーの上界解を与える．すでに述べたように Hellinger–Reissner の式と類似ではあるが，変位境界 S_u 上のエネルギー積分の前の符号が異なるという重要な違いがある．この解法 (1) を，一般化した統一エネルギー解法 (Generalized Unified Method: GUM) とよぶこととする．解法 (5) は，Trefftz[7]の解法であり，常に下界解を得ることができる．解法 (1) と (5) は，要素間の境界上の状態ベクトルの連続性をあらかじめ決める必要はないという，ユニークな新しい方法である．他の 6 つの解法はいわゆる Generalized Finite Element Methods といえよう．

[*7] (編者注) 単一要素の場合と多要素分割の場合で式の表現が使い分けられている．

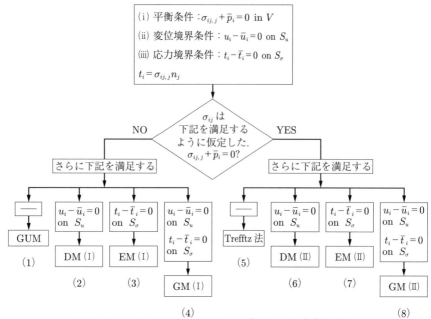

図 **2.2** 固体力学境界値問題における 8 種類の混合解法

表 2.1 の中で，DM (I) は従来の FEM に対応するが，これは要素境界上での要素変位の連続性を考慮しているだけである．Pian[14]による方法は，DM (II) と EM (II) をカバーしている．GM (II) は，あらかじめ境界値問題に対する 3 条件を満たすよう，解析的厳密にあるいは数値解的に得られる要素であることは興味深い．理論的には GM(II) 要素を用いた有限要素法は，stiffness および flexibility から構成される要素の特性マトリックスが少なくとも準解析的で従来の FEM に比べて全体マトリックスサイズも小さいという境界要素法と同等である．結論としては，表 2.1 の (1) と (5) が実用上推奨できるが，その理由は，要素の共有境界上で要素の状態ベクトルの連続性をあらかじめ必要とせず，モデルの全体を解く場合には非常に簡潔になることである．

2.4 統一エネルギー原理から導かれる8種類の解法

表 2.1 変位関数 u_i および応力 σ_{ij} を用いた固体力学の境界値問題に関する8種類の解法

解法	変分方程式	制約条件	備考*
(1)	$\int_{S_\sigma} (t_i - \bar{t}_i)\,\delta u_i \,\mathrm{d}S + \int_{S_u} (u_i - \bar{u}_i)\,\delta t_i \,\mathrm{d}S$ $- \int_V (\sigma_{ij,j} + \bar{p}_i)\,\delta y_i \,\mathrm{d}V = 0$	—	GUM (他の7つの方法を含む)
(2)	$\int_{S_\sigma} (t_i - \bar{t}_i)\,\delta u_i \,\mathrm{d}S$ $- \int_V (\sigma_{ij} + \bar{p}_i)\,\delta u_i \,\mathrm{d}V = 0$	$u_i - \bar{u}_i = 0$ on S_u	DM(I)
(3)	$\int_{S_u} (u_i - \bar{u}_i)\,\delta t_i \,\mathrm{d}S$ $- \int_V (\sigma_{ij,j} + \bar{p}_i)\,\delta u_i \,\mathrm{d}V = 0$	$t_i - \bar{t}_i = 0$ on S_σ	EM(I)
(4)	$\int_V (\sigma_{ij,j} + \bar{p}_i)\,\delta u_i \,\mathrm{d}V = 0$	$u_i - \bar{u}_i = 0$ on S_u $t_i - \bar{t}_i = 0$ on S_σ	GM(II)
(5)	$\int_{S_\sigma} (t_i - \bar{t}_i)\,\delta u_i \,\mathrm{d}S + \int_{S_u} (u_i - \bar{u}_i)\,\delta t_i \,\mathrm{d}S = 0$	$\sigma_{ij,j} + \bar{p}_i = 0$ on V	Trefftz法
(6)	$\int_{S_\sigma} (t_i - \bar{t}_i)\,\delta u_i \,\mathrm{d}S = 0$	$\sigma_{ij,j} + \bar{p}_i = 0$ in V $u_i - \bar{u}_i = 0$ on S_u	DM(II)
(7)	$\int_{S_u} (u_i - \bar{u}_i)\,\delta t_i \,\mathrm{d}S = 0$	$\sigma_{ij,j} + \bar{p}_i = 0$ in V $t_i - \bar{t}_i = 0$ on S_σ	EM(II)
(8)	—	$\sigma_{ij,j} + \bar{p}_i = 0$ in V $t_i - \bar{t}_i = 0$ on S_σ $u_i - \bar{u}_i = 0$ on S_u	GM(II)

* GUM, DM, EM, GM は図 2.2 と同じ. (I) σ_{ij} が $\sigma_{ij,j} + \bar{p}_i = 0$ を満たさない場合, (II) σ_{ij} が $\sigma_{ij,j} + \bar{p}_i = 0$ を満たす場合.

今回の混合有限要素解析法は, もし材料の応力–ひずみ関係則が, $\sigma_{ij} = f(\varepsilon_{ij})$ と $\varepsilon_{ij} = g(\sigma_{ij})$ の形で与えられていなければ使用できない. 幸いにも, Hookeの法則に従う材料の場合には, この混合変分原理は, 変位に着眼した仮想仕事の原理と応力に着眼した補仮想仕事の原理とに分離される. したがって, 上界解は前者 (仮想仕事の原理), 下界解は後者 (補仮想仕事の原理) から得られ, その結果, 正解はこれらの2つの上下界解によって挟み撃ちされた範囲にあるといえる.

しかし, 非線形問題についてはこれらの2つのエネルギー原理の分離は, 一般的には不可能である. 幸いにも, 塑性流れ理論 (flow theory of plasticity) が

表 2.2 変位関数 $u_i(x_k)$ および応力 $\sigma_{ij}(x_k)$ を用いた固体力学の境界値問題に関する 8 種類の解法(有限要素解析の場合)

解法	変分方程式	制約条件	備考*
(1)	$\sum_{l=1}^{m}\left[\int_{S_{\sigma kl}}(t_i^{(k)}-t_i^{(l)})\delta u_i^{(k)}\,dS+\int_{S_{ukl}}(u_i^{(k)}-u_i^{(l)})\delta t_i^{(k)}\,dS\right]$ $-\int_{V_k}(\sigma_{ij,j}^{(k)}+\bar{p}_i^{(k)})\delta u_i^{(k)}\,dV=0$	—	GUM
(2)	$\sum_{l=1}^{m}\left[\int_{S_{\sigma kl}}(t_i^{(k)}-t_i^{(l)})\delta u_i^{(k)}\,dS\right]-\int_{V_k}(\sigma_{ij,j}^{(k)}+\bar{p}_i^{(k)})\delta u_i^{(k)}\,dV=0$	$u_i^{(k)}-u_i^{(l)}=0$ on S_{ukl}	DM(I)
(3)	$\sum_{l=1}^{m}\left[\int_{S_{ukl}}(u_i^{(k)}-u_i^{(l)})\delta t_i^{(k)}\,dS\right]-\int_{V_k}(\sigma_{ij,j}^{(k)}+\bar{p}_i^{(k)})\delta u_i^{(k)}\,dV=0$	$t_i^{(k)}-t_i^{(l)}=0$ on $S_{\sigma kl}$	EM(I)
(4)	$\int_{V_k}(\sigma_{ij,j}^{(k)}+\bar{p}_i^{(k)})\delta u_i^{(k)}\,dV=0$	$u_i^{(k)}-u_i^{(l)}=0$ on S_{ukl} $t_i^{(k)}-t_i^{(l)}=0$ on $S_{\sigma kl}$	GM(I)
(5)	$\sum_{l=1}^{m}\left[\int_{S_{\sigma kl}}(t_i^{(k)}-t_i^{(l)})\delta u_i^{(k)}\,dS+\int_{S_{ukl}}(u_i^{(k)}-u_i^{(l)})\delta t_i^{(k)}\,dS\right]=0$	$\sigma_{ij,j}^{(k)}+\bar{p}_i^{(k)}=0$ in V_k	Trefftz 法
(6)	$\sum_{l=1}^{m}\left[\int_{S_{\sigma kl}}(t_i^{(k)}-t_i^{(l)})\delta u_i^{(k)}\,dS\right]=0$	$u_i^{(k)}-u_i^{(l)}=0$ on S_u $\sigma_{ij,j}^{(k)}+\bar{p}_i^{(k)}=0$ in V_k	DM(II)
(7)	$\sum_{l=1}^{m}\left[\int_{S_{ukl}}(u_i^{(k)}-u_i^{(l)})\delta t_i^{(k)}\,dS\right]=0$	$\sigma_{ij,j}^{(k)}+\bar{p}_i^{(k)}=0$ in V_k $t_i^{(k)}-t_i^{(l)}=0$ on $S_{\sigma kl}$	EM(II)
(8)	—	$t_i^{(k)}-t_i^{(l)}=0$ on $S_{\sigma kl}$ $\sigma_{ij,j}^{(k)}+\bar{p}_i^{(k)}=0$ in V_k $u_i^{(k)}-u_i^{(l)}=0$ on S_{ukl}	GM(II)

* GUM, DM, EM, GM は図 2.2 に同じ. $S_{\sigma kl}$ は隣接する要素 k と l に共通な S_σ, S_{ukl} は隣接する要素 k と l に共通な S_u. (I), (II) は表 2.1 と同じ.

1924–1930年の間にPrandtl[26]やReuss[27]によって開発された．最近よく使われる増分法は1965年にBiot[28]によって示され，非線形増分法のプログラムは世界中に広まった．しかしながら，これらのすべてのプログラムは変位法にもとづいている．よって，本提案の混合法にもとづく新しい増分解法のプログラムの開発が望まれる．その増分解法においては，材料の応力-ひずみ関係則はおのおのの増分荷重のステップで線形化される．ゆえに，実際の解はそれぞれの荷重ステップで得られる上下界解で挟まれる間に存在することになる．

ここで，以下のことを述べておきたい．すなわち，固体の非線形解析では材料の塑性のための困難な問題が発生し，これは幾何的非線形においても同様である．

2.5 上界解，下界解による挟み撃ち解法

統一エネルギー原理から固体の状態ベクトル (u_i, σ_{ij}) の試験関数があらかじめ平衡条件式，変位境界条件式および応力境界条件式を充足するか否かの組合せを考えると8種類の変分原理が表2.1および表2.2に示すように得られる．

統一エネルギー原理の基礎的研究から要素試験関数が平衡条件を満足しない場合，そのような変位関数を用いて求められるエネルギー近似解は常に正解の上界 (upper bound) を与え，自己平衡の要素試験関数を用いた場合は正解の下界 (lower bound) を与えることがわかっている．したがって，要素間の状態ベクトル (u_i, σ_{ij}) の連続性をあらかじめ要求しない場合，解法(1)の一般化した統一エネルギー解法 (GUM) と解法(5)のTrefftzの方法を組合せて解析すると固体のひずみエネルギー，つまり，要素間の状態ベクトル (u_i, σ_{ij}) の上下界挟み撃ち解法が可能となることが一連の例題解析からわかった．これと同じように考えるとDM(I)とDM(II)，EM(I)とEM(II)，GM(I)とGM(II)の組合せの場合も正解の上下界挟み撃ち解法が考えられる．その中で最も実用的と思われる方法は，いま述べた解法(1)の方法と解法(5)のTrefftzの方法および解法(2)のDM(I)と解法(6)のDM(II)による挟み撃ち解法と思われる．[何となればDM(I)はいうまでもなく，現状の有限要素解析であるからである．]

この上下界挟み撃ち解法はDMグループよりEMグループ，EMグループより

GM グループと解の収斂性や精度が後のグループへ行くほど，高くなると思われる．ついでながら EM は消滅してしまった応力法 (FM 法) の復活を意味するものであるが，ここでは紙面の節約のためその説明を省略する．また，GM(II) は半解析的解法 (semi-analytical solution) で境界要素法 (Boundary Element Method) と等価である．

非線形問題の場合には，統合されたエネルギー原理をそのように分離 [つまり $\Pi_p(u_i), \Pi_c(\sigma_{ij})$] するのは一般的には困難であり，ゆえに有限変形においては上界解と下界解との挟み撃ちは不可能である．しかしながら，もし増分法が適用される場合，$A(\varepsilon_{ij})$ と $B(\sigma_{ij})$ が正値性を伴って存在することが確かである限りにおいては，近似解は，下方からあるいは上方から単調に収束することになるであろう．

2.6 統一エネルギー原理の導出プロセスの図示化

最後に本章で述べた理論展開の流れを整理するためにも，若干重複するが次の2つの図に分けて整理する．

図 2.3 は統一エネルギー原理の導出プロセスを，図 2.4 には統一エネルギー原理の3つの表現形式を示す．

それぞれの図においては，$\sigma_{ij}, \varepsilon_{ij}$ なる2つの量をそれぞれ満足する互いに独立な量と仮定する．そして物体力 $\bar{p}_i$ および 表面力 $t_i = \bar{t}_i$ をその応力境界 S_σ 上で受け，また $u_i = \bar{u}_i$ on S_u の変位境界条件を満足しているものとする．ここに固体の全境界を S とすれば $S = S_\sigma + S_u$ である．次式で定義される体積積分

$$U = \int_V \sigma_{ij}\,\varepsilon_{ij}\,\mathrm{d}V \tag{2.41}$$

を考えると Gauss の発散定理により

$$\begin{aligned}\int_V \sigma_{ij}\,\varepsilon_{ij}\,\mathrm{d}V &= \int_V \frac{1}{2}\sigma_{ij}(u_{i,j}+u_{j,i})\,\mathrm{d}V \\ &= \int_S t_i\,u_i\,\mathrm{d}S - \int_V \sigma_{ij,j} u_i\,\mathrm{d}V\end{aligned} \tag{2.42}$$

がまず導かれる．すなわち変位 u_i および応力 σ_{ij} が固体力学境界値問題の正解ならば次のエネルギー保存則が成立する．

2.6 統一エネルギー原理の導出プロセスの図示化

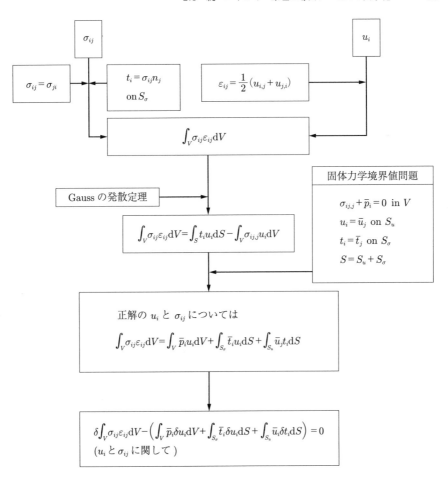

図 2.3 統一エネルギー原理導出のプロセス

$$\int_V \sigma_{ij}\varepsilon_{ij}\,dV = \int_V \bar{p}_i\,u_i dV + \int_{S_\sigma} \bar{t}_i\,u_i\,dS + \int_{S_u} \bar{u}_i\,t_i\,dS \quad (2.43)$$

$\sigma_{ij}, \varepsilon{ij}$ は変位 u_i と一般に陰的な関数関係にあり，したがって変分操作は両方についてとらなければならないから，その平衡状態が σ_{ij} および u_i についてわずかながら異なる近似解の場合，次式が成立しなければならない (図 2.4)．

$$\delta\int_V \sigma_{ij}\,\varepsilon_{ij}\,dV = \int_V \bar{p}_i\,\delta u_i\,dV + \int_{S_\sigma} \bar{t}_i\,\delta u_i\,dS + \int_{S_u} \bar{u}_i\,\delta t_i\,dS \quad (2.44)$$

形式 (I)

$$\delta \int_V \sigma_{ij}\,\varepsilon_{ij}\,\mathrm{d}V - \int_V \bar{p}_i\,\delta u_i\,\mathrm{d}V$$
$$- \int_{S_\sigma} \bar{t}_i\,\delta u_i\,\mathrm{d}S - \int_{S_u} \bar{u}_i\,\delta t_i\,\mathrm{d}S = 0 \qquad (u_i, \sigma_{ij} \text{ に関して})$$

$\delta \int_V \sigma_{ij}\,\delta\varepsilon_{ij}\,\mathrm{d}V = \int_V \sigma_{ij}\,\delta\varepsilon_{ij}\,\mathrm{d}V + \int_V \varepsilon_{ij}\,\delta\sigma_{ij}\,\mathrm{d}V$ であるから

形式 (II)

$$\left(\int_V \sigma_{ij}\,\delta\varepsilon_{ij}\,\mathrm{d}V - \int_V \bar{p}_i\,\delta u_i\,\mathrm{d}V - \int_{S_\sigma} \bar{t}_i\,\delta u_i\,\mathrm{d}S \right)$$
$$+ \left(\int_V \varepsilon_{ij}\,\delta\sigma_{ij}\,\mathrm{d}V - \int_{S_u} \bar{u}_i\,\delta t_i\,\mathrm{d}S \right) = 0 \qquad (u_i, \sigma_{ij} \text{ に関して})$$

形式 (III)

$$\int_{S_\sigma} (t_i - \bar{t}_i)\,\delta u_i\,\mathrm{d}S + \int_{S_u} (u_i - \bar{u}_i)\,\delta t_i\,\mathrm{d}S - \int_V (\sigma_{ij,i} + \bar{p}_i)\,\delta u_i\,\mathrm{d}V$$
$$- \int_V u_i\,\delta\sigma_{ij,j}\,\mathrm{d}V = 0 \qquad (u_i, \sigma_{ij} \text{ に関して})$$

図 **2.4**　統一エネルギー原理の 3 つの表現形式

2.7　ノードレス要素の概要

実際に有限要素を用いて離散化して解析する場合，その要素の特性についてふれておく．

これまでに述べたように，統一エネルギー原理から導かれる 8 つの方法 (表 2.1, 2.2) の中で，解法 (1) は [解法 (5) も含んで] 統一エネルギー原理の原型であるが，要素間の境界上の状態ベクトルの連続性をあらかじめ決める必要はない．

なお，従来のほとんどの有限要素法である節点変位を未知パラメーターとする方法は解法 (2)[DM(I)] に対応することになる．

ノードレス要素という意味は，具体的な展開でいえば，変位を未知パラメーターとする節点の定義が不要 (節点レス要素) となり，(3章で述べるような) 状態ベクトルがべき級数などで表された場合にその未定係数はあらかじめ消去されることなく，そのまま未知パラメーターとして求められることになる．従来の節点の変位を未知パラメーターとする有限要素との対比の意味から，これをノードレス要素 (節点レス要素) とよぶこととする[*8]．

[*8] (編者注) 著者は，一般的な変位法ということと，節点の変位を未知パラメーターにする，従来の普及している有限要素法とを峻別している．節点変位法は，あらかじめ変位境界を満たす必要のある解法 (2) の中の1つに過ぎないということを後日解説している．つまり，8つの解法では，(たとえ，変位境界の制約条件付きの解法であっても) 節点の概念は不要となり，よってすべての解法が，ノードレス要素の適用が可能となる．

なお，ノードレス要素の具体的な定式化の例については8章で説明される．

3 変位関数，応力–ひずみ関係式に関する一考察

3.1 は じ め に

　固体の静変形問題を解析する場合，その固体内の一点を座標原点にとり，通常直角座標系を用いてその変位関数 $u(x_i)$ を定義し，x_i の有限多項式の形で定義する．

　この多項式表示の第1次項について1845年，G. G. Stokes は「線形変位場は要素原点を中心とする剛体変位場と一様ひずみの変位場の重畳したものである」という重要な発見をしている．この事実は有限要素により離散的に解析する場合において解が収束するための基本的条件とされているだけでなく，極限解析法 (limit analysis) において載荷の極限状態において固体がいくつかのブロックに分かれ剛体運動を起して崩壊 (collapse) する事実を説明する根拠にもなっている．また2次の多項式 (以後ひずみ関数とよぶことにする) は変位 u の x_i に関する2階微分が可能であるから，幾何学的には曲率またはねじれ率を表し，また3次のひずみ関数は後で述べるように多結晶体の変形に関係する重要なパラメーターであることが近年明らかになってきた．

　この1次のひずみ関数を変位関数とする要素を有限要素法では定ひずみ要素 (constant strain element) とよび，粗い近似であるが1次元，2次元 (ただし平面問題に限る)，3次元問題で必ず収束する安定した要素として有限要素法の開発初期に広く用いられてきた．また土木・建築，船舶，海洋構造，車輌自動車，圧力容器など多くの構造物は平板面内要素と骨組構造を組み合せた薄板構造 (plate structure) が圧倒的に多いが，これらの構造物の有限要素解析はほとんど梁と平板要素で構成されるとして NASTRAN を始めとする数多くの商用ソフトが広く

世界的に利用されている．

3.2 固体の変位関数に関する一考察

いま，ひずみも応力もない自然な状態にある 3 次元固体を考える．物体内の一点 $P^0(x, y, z)$ を空間に固定された原点 O からの位置ベクトル r_p^0 で表し，その点は変形後に r_p に移ったと仮定する (図 3.1)．

点 P の変位ベクトル u_p は $u_p = r_p - r_p^0$ で表せる．

物体の任意の点の変位 u は変形前の占めていた位置 $r = r(x, y, z)$ によって異なるから，u は一般に位置座標の関数として表すことが可能である．

すなわち，

$$u(x, y, z) = u(x, y, z)\boldsymbol{i} + v(x, y, z)\boldsymbol{j} + w(x, y, z)\boldsymbol{k} \tag{3.1}$$

ここに $\boldsymbol{i}, \boldsymbol{j}, \boldsymbol{k}$ は固定座標系の正規直交基底ベクトルを表す．

さて，ある点の相対変位ベクトル $\Delta \boldsymbol{u}$ で表すと，

$$\begin{aligned}
\Delta \boldsymbol{u} &= u(x+\Delta x, y+\Delta y, z+\Delta z) - u(x, y, z) \\
&\simeq \frac{\partial u}{\partial x}\Delta x + \frac{\partial v}{\partial y}\Delta y + \frac{\partial w}{\partial z}\Delta z \\
&= \left(\frac{\partial u}{\partial x}i + \frac{\partial v}{\partial x}j + \frac{\partial w}{\partial x}k\right)\Delta x + \left(\frac{\partial u}{\partial y}i + \frac{\partial v}{\partial y}j + \frac{\partial w}{\partial y}k\right)\Delta y \\
&\quad + \left(\frac{\partial u}{\partial z}i + \frac{\partial v}{\partial z}j + \frac{\partial w}{\partial z}k\right)\Delta z
\end{aligned}$$

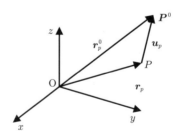

図 3.1　物体点の変位

$$= \left(\frac{\partial u}{\partial x}\Delta x + \frac{\partial u}{\partial y}\Delta y + \frac{\partial u}{\partial z}\Delta z\right)\boldsymbol{i} + \left(\frac{\partial v}{\partial x}\Delta x + \frac{\partial v}{\partial y}\Delta y + \frac{\partial v}{\partial z}\Delta z\right)\boldsymbol{j}$$
$$+ \left(\frac{\partial w}{\partial x}\Delta x + \frac{\partial w}{\partial y}\Delta y + \frac{\partial w}{\partial z}\Delta z\right)\boldsymbol{k} \tag{3.2}$$

$$\therefore \Delta \boldsymbol{u} = \boldsymbol{d}\Delta \boldsymbol{r} \tag{3.3}$$

と書くことができる.

ここに

$$\begin{bmatrix} \dfrac{\partial u}{\partial x} & \dfrac{\partial u}{\partial y} & \dfrac{\partial u}{\partial z} \\ \dfrac{\partial v}{\partial x} & \dfrac{\partial v}{\partial y} & \dfrac{\partial v}{\partial x} \\ \dfrac{\partial w}{\partial x} & \dfrac{\partial w}{\partial y} & \dfrac{\partial w}{\partial z} \end{bmatrix} = \boldsymbol{d}$$

$$\Delta \boldsymbol{r} = \Delta x\,\boldsymbol{i} + \Delta y\,\boldsymbol{j} + \Delta z\,\boldsymbol{k}$$

である.

このマトリックス d は対称な部分 ε と非対称な部分 ω に分けて書くことができる.

$$\boldsymbol{d} = \boldsymbol{\varepsilon} + \boldsymbol{\omega} \tag{3.4}$$

ここに

$$\boldsymbol{\varepsilon} = \begin{bmatrix} \dfrac{\partial u}{\partial x} & \dfrac{1}{2}\left(\dfrac{\partial u}{\partial y} + \dfrac{\partial v}{\partial x}\right) & \dfrac{1}{2}\left(\dfrac{\partial u}{\partial z} + \dfrac{\partial w}{\partial x}\right) \\ \dfrac{1}{2}\left(\dfrac{\partial u}{\partial y} + \dfrac{\partial v}{\partial x}\right) & \dfrac{\partial v}{\partial y} & \dfrac{1}{2}\left(\dfrac{\partial v}{\partial z} + \dfrac{\partial w}{\partial y}\right) \\ \dfrac{1}{2}\left(\dfrac{\partial u}{\partial z} + \dfrac{\partial w}{\partial x}\right) & \dfrac{1}{2}\left(\dfrac{\partial v}{\partial z} + \dfrac{\partial w}{\partial y}\right) & \dfrac{\partial w}{\partial z} \end{bmatrix} \tag{3.5}$$

$$\boldsymbol{\omega} = \begin{bmatrix} 0 & \dfrac{1}{2}\left(\dfrac{\partial u}{\partial y} - \dfrac{\partial v}{\partial x}\right) & \dfrac{1}{2}\left(\dfrac{\partial u}{\partial z} - \dfrac{\partial w}{\partial x}\right) \\ -\dfrac{1}{2}\left(\dfrac{\partial u}{\partial y} - \dfrac{\partial v}{\partial x}\right) & 0 & \dfrac{1}{2}\left(\dfrac{\partial v}{\partial z} - \dfrac{\partial w}{\partial y}\right) \\ -\dfrac{1}{2}\left(\dfrac{\partial u}{\partial z} - \dfrac{\partial w}{\partial x}\right) & -\dfrac{1}{2}\left(\dfrac{\partial v}{\partial z} - \dfrac{\partial w}{\partial y}\right) & 0 \end{bmatrix} \tag{3.6}$$

ε はひずみマトリックス, ω は回転変位マトリックスを表し, 固体力学では次のように表すのが普通である.

3 変位関数，応力–ひずみ関係式に関する一考察

$$\varepsilon_x = \frac{\partial u}{\partial x}, \quad \varepsilon_y = \frac{\partial v}{\partial y}, \quad \varepsilon_z = \frac{\partial w}{\partial z} \tag{3.7a}$$

$$\gamma_{xy} = \frac{1}{2}\left(\frac{\partial u}{\partial y} + \frac{\partial v}{\partial x}\right), \quad \gamma_{yz} = \frac{1}{2}\left(\frac{\partial v}{\partial z} + \frac{\partial w}{\partial y}\right), \quad \gamma_{zx} = \frac{1}{2}\left(\frac{\partial w}{\partial x} + \frac{\partial u}{\partial z}\right) \tag{3.7b}$$

$$\theta = \frac{1}{2}\left(\frac{\partial v}{\partial z} - \frac{\partial w}{\partial y}\right), \quad \chi = \frac{1}{2}\left(\frac{\partial u}{\partial z} - \frac{\partial w}{\partial x}\right), \quad \phi = \frac{1}{2}\left(\frac{\partial u}{\partial y} - \frac{\partial v}{\partial x}\right) \tag{3.7c}$$

したがって，

$$\boldsymbol{\varepsilon} = \begin{bmatrix} \varepsilon_x & \gamma_{xy} & \gamma_{xz} \\ \gamma_{yx} & \varepsilon_y & \gamma_{yz} \\ \gamma_{zx} & \gamma_{zy} & \varepsilon_z \end{bmatrix} \tag{3.8}$$

$$\boldsymbol{\omega} = \begin{bmatrix} 0 & \phi & \chi \\ -\phi & 0 & \theta \\ -\chi & -\theta & 0 \end{bmatrix} \tag{3.9}$$

ただし，$\gamma_{xy} = \gamma_{yx}, \gamma_{zx} = \gamma_{xz}, \gamma_{yz} = \gamma_{zy}$ である．

これらの式を用いると式 (3.3), (3.4) から，

$$\Delta \boldsymbol{u} = \boldsymbol{\varepsilon} \Delta \boldsymbol{r} + \boldsymbol{\omega} \Delta \boldsymbol{r} \tag{3.10}$$

のように表すことができる．

そこで，式 (3.10) を用いて 3 次元要素の線形変位関数と表してみよう．この場合，要素原点は要素間の一点にとられた局所座標系で式 (3.10) を表すことになるから

$$\boldsymbol{u} = \boldsymbol{\varepsilon}\,\boldsymbol{r} + \boldsymbol{\omega}\,\boldsymbol{r} \tag{3.11}$$

これに原点の並進変位ベクトル (u_0, v_0, w_0) を加えて要素の線形変位関数は次式のように表せる．

$$u = u_0 + \phi y + \chi z + \varepsilon_x x + \gamma_{xy} y + \gamma_{xz} z \tag{3.12a}$$

$$v = v_0 - \phi x + \theta z + \gamma_{yx} x + \varepsilon_y y + \gamma_{yz} z \tag{3.12b}$$

$$w = w_0 - \theta y - \chi x + \gamma_{zx} x + \gamma_{zy} y + \varepsilon_z z \tag{3.12c}$$

マトリックス表示すれば，

$$\begin{Bmatrix} u \\ v \\ w \end{Bmatrix} = \begin{bmatrix} 1 & 0 & 0 & 0 & y & z \\ 0 & 1 & 0 & z & -x & 0 \\ 0 & 0 & 1 & -y & 0 & -x \end{bmatrix} \begin{bmatrix} u_0 \\ v_0 \\ w_0 \\ \theta_0 \\ \phi_0 \\ \chi_0 \end{bmatrix}$$

$$+ \begin{bmatrix} x & 0 & 0 & y & 0 & z \\ 0 & y & 0 & x & 0 & z \\ 0 & 0 & z & x & y & 0 \end{bmatrix} \begin{bmatrix} \varepsilon_x \\ \varepsilon_y \\ \varepsilon_z \\ \gamma_{xy} \\ \gamma_{yz} \\ \gamma_{zx} \end{bmatrix} \quad (3.13)$$

または，

$$\boldsymbol{u}(x,y) = \boldsymbol{A}(x,y) \cdot \boldsymbol{d} + \boldsymbol{B}(x,y) \cdot \boldsymbol{\varepsilon} \quad (3.14)$$

式 (3.12) は 1845 年に Stokes がはじめて見いだした関係式であり，2 次元の線形変位場の場所は次式で与えられる．

$$\begin{Bmatrix} u \\ v \end{Bmatrix} = \begin{bmatrix} 1 & 0 & -y \\ 0 & 1 & x \end{bmatrix} \begin{Bmatrix} u_0 \\ v_0 \\ \chi_0 \end{Bmatrix} + \begin{bmatrix} x & 0 & y \\ 0 & y & x \end{bmatrix} \begin{Bmatrix} \varepsilon_x \\ \varepsilon_y \\ \gamma_{xy} \end{Bmatrix} \quad (3.15)$$

これらの関係式を言葉で表せば「線形変位場は要素原点を中心とする剛体変位場と一様ひずみによる変位場の重畳したものである」ということができる．

一般に荷重を受けて変形する固体の変位は荷重の微小な間は剛体変位場 $\boldsymbol{A} \cdot \boldsymbol{d}$ と一様ひずみ変位場 $\boldsymbol{B} \cdot \boldsymbol{\varepsilon}$ はほぼ同等の大きさであると考えられるが，荷重が増大するにつれて弾性変形の限界を超えて非弾性変形を生ずるようになる．載荷がさらに進むと塑性変形領域が拡大し，いくつかの剛体ブロックの集合体を形成し，その極限状態では互いに剛体運動を起して極限状態 (limiting state) に達し，崩壊 (collapse) または破断 (fracture) を起こすことになる．すなわち，塑性変形がある程度進行した後は各ブロックの変形はその剛体変位に比べると次第に小さくなり，変位場は剛体変位場に近づいていくのである．

このような考察にもとづいて著者[29]は1976年「剛体–ばねモデル」(rigid bodies–spring model) と称する要素モデルを提案，金属構造，地盤コンクリート構造の実用解析法を開発し，一連の工学的問題に応用してその妥当性は十分実証されたと考えている．

しかしながら，この RBSM は本質的に極限解析専用モデルであって，弾性解析への応用は骨組構造を除いて用いられなかった．その後の研究により，式 (3.14) は弾性変形過程はそのまま使うことが可能であり，塑性変形状態に入っても，圧縮降伏状態である限り，要素間ですべり (slip) 変形が起きても極限解析 (limit analysis) ができる．

さて，話をもとに戻して固体の変位ベクトル $\boldsymbol{u}(x_i)$ の Maclaurin 展開式を考えてみよう．

$$\boldsymbol{u}(x_i) = \boldsymbol{u}(0) + \frac{1}{1!} Du \mid_{x_i=0} + \frac{1}{2!} D^2 u \mid_{x=0} + \frac{1}{3!} D^3 u \mid_{x_i=0} + \cdots \quad (3.16)$$

のように書くことができる．ここに

$$D = x \frac{\partial}{\partial x} + y \frac{\partial}{\partial y} + z \frac{\partial}{\partial z} \quad (3.17a)$$

$$\begin{aligned} D^2 &= \left(x \frac{\partial}{\partial x} + y \frac{\partial}{\partial y} + z \frac{\partial}{\partial z} \right)^2 \\ &= x^2 \frac{\partial^2}{\partial x^2} + y^2 \frac{\partial^2}{\partial y^2} + z^2 \frac{\partial^2}{\partial z^2} + 2xy \frac{\partial^2}{\partial x \partial y} + 2yz \frac{\partial^2}{\partial y \partial z} + 2zx \frac{\partial^2}{\partial z \partial x} \end{aligned} \quad (3.17b)$$

$$\begin{aligned} D^3 &= \left(x \frac{\partial}{\partial x} + y \frac{\partial}{\partial y} + z \frac{\partial}{\partial z} \right)^3 \\ &= x^3 \frac{\partial}{\partial x^3} + y^3 \frac{\partial}{\partial y^3} + z^3 \frac{\partial^3}{\partial z^3} + 3x^2 y \frac{\partial^3}{\partial x^2 \partial y} + 3xy^2 \frac{\partial^3}{\partial x \partial y^2} \\ &\quad + 3y^2 z \frac{\partial^3}{\partial y^2 \partial z} + 3yz^2 \frac{\partial^3}{\partial y \partial z} + 3xz^2 \frac{\partial^3}{\partial x \partial z^2} + 3yz^2 \frac{\partial^3}{\partial y \partial z^2} \\ &\quad + 6xyz \frac{\partial^3}{\partial x \partial y \partial z} + \cdots \end{aligned} \quad (3.17c)$$

である．そこで，$u_{i,j}, u_{i,jk}, u_{i,jkl}$ などの変位 u_i の微係数を仮に 0 次，1 次，2 次，3 次のひずみ成分 $\varepsilon_0, \varepsilon_1, \varepsilon_2, \varepsilon_3$ と定義すれば，式 (3.16) は次式のように表すことができる．

$$\boldsymbol{u}(x_i) = B_0(x_i)\varepsilon_0 + B_1(x_i)\varepsilon_1 + B_2(x_i)\varepsilon_2 + B_3(x_i)\varepsilon_3 + \cdots \quad (3.18\text{a})$$

$$\varepsilon_2^\mathsf{T} = \lfloor u_{i,jk} \rfloor, \qquad \varepsilon_3^\mathsf{T} = \lfloor u_{i,jkl} \rfloor \qquad (i,j,k,l=1,2,3) \quad (3.18\text{b})$$

ここで $B_0(x_i)\varepsilon_0$ は Stokes の与えた剛体変位場,$B_1(x_i)\varepsilon_1$ は定ひずみ変位場,$B_2(x_i)\varepsilon_2$ は変位曲線または変位曲面の曲率 (curvature) またはねじれ率 (rate of twist) を表す.2次ひずみ変位場 $B_3(x_i)\varepsilon_3$ は変位関数の曲率またはねじれ率の微分を表す量で工学的にはこれまであまり知られてなかった物理量である.ところが近年マイクロメカニックスの進展に伴い,近藤[30],Bilby[31],Kröner[32]らが互いに独立に非ユークリッド幾何学とよばれる新分野を開拓し,その工学的応用が研究された.

この新しい幾何学は相対性理論だけでなく,身近な物質の非弾性変形を表現しうることがわかり,多結晶体の力学の分野に目覚しい応用がなされつつある.このような興味深い事実を指摘したノースウエスタン大学の村教授は自著[33]の中で「これらの新しいアイディアの背後には弾性論において Volterra Weingarten, Cesáro, Somigliana, Reissner, Neményi, 森口らの展開した残留応力場の喰違い理論 (dislocation theory) がある」と述べている.

すなわち式 (3.17) で与えられる固体の変位関数について考えると,いくつかの重要な問題が含まれていることがわかる.

(1) 連続体としての固体変位関数の中には剛体変位場が含まれていて,連続体的変形をしている間は現われないが塑性変形が起り,固体内ですべり (slip) を生ずるようになるとその影響が現われ,極限載荷状態になるといくつかの剛体ブロック集合体となって崩壊 (collapse) または破断 (fracture) する.いずれにしてもこの表現は不連続体力学モデルであることを示している.

(2) 変形が微小な場合には1次ひずみだけを用いた有限要素解析でも十分メフンユ分割を細かくすれば良い計算結果が得られるが,本質的に DM モデルであるので上界解析しかできない.しかし,その応用は1次解析 (First Oder Analysis: FOA) として最近開発が進められつつある.

(3) また1次ひずみ要素は定ひずみ要素 (constant strain element: CST 要素) とされる有限要素法で最も基礎的要素である.この要素は極限解析の開発に

おいて重要な役割を担うであろう.

(4) 式 (3.16) からわかるように変位関数は多くの高次ひずみ成分 ε_n $(n = 2, 3, 4 \cdots)$ の関数である.

3.3 固体の応力–ひずみ関係式に関する一考察

固体力学はこれまでは主として応力 $\sigma_{ij} = f(\varepsilon_{ij})$ という形で応力–ひずみ関係式が定義,使用されてきた.その最も簡単な場合が次の線形関係式である.

$$\sigma_{ij} = a_{ijkl}\varepsilon_{kl} \tag{3.19a}$$

または

$$\varepsilon_{ij} = b_{ijkl}\sigma_{kl} \tag{3.19b}$$

ところが,式 (3.18) は

$$u(x_i) = f(\varepsilon_0, \varepsilon_1, \varepsilon_2, \varepsilon_3)$$

であることを物語っている.一方,応力–ひずみ関係式はこれまでは $\sigma_{ij} = g(\varepsilon_{ij})$ と表現されていたが,式 (3.19) にならって

$$\sigma^{(k)} = h(\varepsilon_k, \varepsilon_{k+1}) \tag{3.20}$$

と考えるのが合理的であると思われる.ここに $\sigma^{(k)}$ は ε_k 以上のひずみ成分の関数である.

このように考えてくるともはや線形弾性体の範囲で課されている適合条件式は通用しなくなり,変位 u も応力 σ も k 次以上のひずみ成分 ε_k の複雑な関数として捉えられるべきで,u_i と σ_{ij} を互いに独立にとる場合どちらも ε_k $(k = 1, 2, 3)$ の関数であるから,その選択には慎重な配慮が必要とされよう.

(1) ε_3 の項の影響を取り入れた材料構成則の導入を考えることにすると,金属転位論の考えを反映した構成則の提示とそれによる非弾性力学の構築が当面の課題になる.しかしながら,その研究はようやくその第一歩を踏み出そうとしている段階なので,本書の中でこれ以上論ずることはしない.

(2) 式 (3.18) で表された要素変位関数を用いた有限要素解析を行う場合，解法 (1) か解法 (5) の Trefftz 法による解析が合理的である．どちらの方法もあらかじめ要素境界辺上での状態ベクトル，すなわち変位および境界力の連続性を満足させる必要はない．これはこれまでの有限要素解析では考えられなかった利点で，特に大規模非線形解析において有利と思われる．さらに要素変位関数に自己平衡解を使う Trefftz 法の場合には混合法の立場で非線形解析においても上下界挟み撃ち解析実現の可能性が高い．

(3) さらに解法 (1) または Trefftz 法を用いると固体接触問題の解析も合理的に扱えるようになるものと思われる．固体接触の問題は接角領域，接触応力分布が両方とも未知の問題であり，単なる固体力学の問題の枠を越え，界面物理の問題が関係してくるであろう．その場合，統一エネルギー原理による解析法に大きな将来性が期待されよう．

(4) 式 (3.18) の表現の要素変位関数を用いると，それらの要素は互いに独立で増分解析専用モデルである．すなわち要素は各増分載荷の各ステップで互いに微小剛体変位をしてから，要素は微小変形して，互いに適合変形状態となる．これは正しく updated Lagranian method であることを物語っている．

4 1次元部材問題の定式化

4.1 は じ め に

　骨組構造の解析法は，電子計算機の存在しなかった前世紀前に提案されたたわみ角法 (Slope Deflection Method) がその源である．すなわち，はり要素の両端における変位 $(u, v, w, \theta, \phi, \chi)$ とそれの曲げ，軸変形およびねじり変形をはり理論により厳密に求めることができる．ここに，(u, v, w) は断面重心の並進変位，(θ, ϕ, χ) は断面の回転変位を表す．

　この関係式が変位法の基礎式そのものであるから，後は各節点においてそれを構成するはり要素間の変位の適合条件，ならびにその合力の平衡条件式を立て，それをまとめた全体系の方程式をつくると，各はり要素の両端における状態ベクトル $(u, v, w, \theta, \phi, \chi, V_x, V_y, V_z, M_x, M_y, M_z)$ に関する $6n \times 6n$ の正値対称マトリックス式が求まる．したがって，それを解くことにより骨組構造解析が行えるのである．

　以下にその要旨を示す．

4.2 はり柱要素の平衡方程式

　はり柱要素は簡単のために一様断面の直線ばりとする．いま，図 4.1 に示すような局所座系を採用すれば，変位成分 $(u, v, w, \theta, \phi, \chi)$ で表された要素平衡方程式は以下の式のように与えられる．

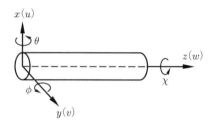

図**4.1** はり要素の局所座標系と変位成分

(i) z 方向軸変形 w に対する平衡方程式

$$EAw'' = -q_z \tag{4.1}$$

$$V_z = EAw' \quad (軸力)$$

ここで，E は弾性係数，A ははりの断面積，q_z ははり要素に作用している z 方向 (軸方向) の分布荷重である．また，プライム ($'$) は z に関する微分を表す．

(ii) ねじり変形 χ に対する平衡方程式

$$GK\chi'' = -m_z \tag{4.2}$$

$$M_z = GK\chi' \quad (ねじりモーメント)$$

ここで，G はせん断弾性係数，K ははりのねじり定数 (断面ねじりモーメント)，m_z ははり要素に作用している z 軸まわりの分布ねじりモーメント荷重である．

(iii) y 軸まわりの曲げ変形 u に対する平衡方程式

$$EI_y u'''' = q_x \tag{4.3}$$

$$\phi = u' \quad (たわみ角)$$

$$M_y = EI_y u'' \quad (曲げモーメント)$$

$$V_x = -EI_y u''' \quad (せん断力)$$

ここで，I_y は y 軸まわりの断面 2 次モーメント，q_x ははり要素に作用している x 方向の分布荷重である．

(a) 固定端(C)　　　(b) 単純支持端(S)　　　(c) 自由端(F)

図 **4.2**　境界条件．C, S, F はそれぞれ境界条件を表す．

(iv) x 軸まわりの曲げ変形 v に対する平衡方程式

$$EI_x v'''' = q_y \tag{4.4}$$

$$\theta = -v' \qquad (たわみ角)$$

$$M_x = -EI_x v'' \qquad (曲げモーメント)$$

$$V_y = EI_x v''' \qquad (せん断力)$$

ここで，I_x は x 軸まわりの断面 2 次モーメント，q_y ははり要素に作用している y 方向の分布荷重である．

一方，付帯境界条件として，図 4.2 に示す 3 種類の条件を考える．

(1) z 方向軸変形 w に対する境界条件
 固定端：$w = 0$
 荷重端：$EAw' = P$ (軸方向外力 P が作用している場合)
(2) ねじり変形 χ に対する境界条件
 固定端：$\chi = 0$
 荷重端：$GK\chi' = M_z$ (ねじりモーメント外力 M_z が作用している場合)
(3) y 軸まわりの曲げ変形 u に対する境界条件
 固定端：$u = u' = 0$
 単純支持端：$u = 0, M_y = EI_y u'' = 0$
 自由端：$M_y = EI_y u'' = 0, V_x = -EI_y u''' = 0$
(4) x 軸まわりの曲げ変形 v に対する境界条件
 固定端：$v = v' = 0$
 単純支持端：$v = 0, M_x = -EI_x v'' = 0$
 自由端：$M_x = -EI_x v'' = 0, V_y = -EI_x v''' = 0$

これらの u, v, w, χ に関する微分方程式は容易に解くことができ，最終的にその解は次の変位ベクトル $\boldsymbol{d}(z)$ および断面力ベクトル $\boldsymbol{f}(z)$ で与えられる．ここに，

$$\boldsymbol{d}^{\mathsf{T}}(z) = \lfloor u(z), v(z), w(z), \theta(z), \phi(z), \chi(z) \rfloor \tag{4.5a}$$

$$\boldsymbol{f}^{\mathsf{T}}(z) = \lfloor V_x(z), V_y(z), V_z(z), M_x(z), M_y(z), M_z(z) \rfloor \tag{4.5b}$$

ここで，変位ベクトルの成分は以下のとおりである．

$$u(z) = a_0 + a_1 z + a_2 z^2 + a_3 z^3 + \bar{u}(z) \tag{4.6a}$$

$$v(z) = b_0 + b_1 z + b_2 z^2 + b_3 z^3 + \bar{v}(z) \tag{4.6b}$$

$$w(z) = c_0 + c_{1z} + \bar{w}(z) \tag{4.6c}$$

$$\theta(z) = -v' = -[b_1 + 2b_2 z + 3b_3 z^2 + \bar{v}'(z)] \tag{4.6d}$$

$$\phi(z) = u' = a_1 + 2a_2 z + 3a_3 z^2 + \bar{u}'(z) \tag{4.6e}$$

$$\chi(z) = \alpha_0 + \alpha_1 z + \bar{\chi}(z) \tag{4.6f}$$

ただし，上付のバー ($\bar{}$) をつけたものは荷重による項で以下のとおりである．

$$\bar{u}(z) = \frac{1}{EI_y} \iiiint q_x(z)\,\mathrm{d}z^4 \tag{4.7a}$$

$$\bar{v}(z) = \frac{1}{EI_x} \iiiint q_y(z)\,\mathrm{d}z^4 \tag{4.7b}$$

$$\bar{w}(z) = -\frac{1}{EA} \iint q_z(z)\,\mathrm{d}z^2 \tag{4.7c}$$

$$\bar{\chi}(z) = -\frac{1}{GK} \iint m_z(z)\,\mathrm{d}z^2 \tag{4.7d}$$

また，断面力ベクトルの成分は以下のとおりである．

$$M_x = -EI_x v'' = -EI_x[2b_2 + 6b_3 z + \bar{v}''(z)] \tag{4.8a}$$

$$M_y(z) = EI_y u'' = EI_y[2a_2 + 6a_3 z + \bar{u}''(z)] \tag{4.8b}$$

$$M_z(z) = GK\chi' = GK[\alpha_1 + \bar{\chi}'(z)] \tag{4.8c}$$

$$V_x(z) = -\frac{\mathrm{d}M_y}{\mathrm{d}z} = -EI_y[6a_3 + \bar{u}''(z)] \tag{4.8d}$$

$$V_y(z) = \frac{\mathrm{d}M_x}{\mathrm{d}z} = EI_x[6b_3 + \bar{v}''(z)] \tag{4.8e}$$

$$V_z(z) = EA\frac{\mathrm{d}w}{\mathrm{d}z} = EA[c_1 + \bar{w}'(z)] \tag{4.8f}$$

4.3 はりの軸変形，ねじりおよび曲げ問題

骨組構造解析は，たわみ角法により理論的に相当大きな立体骨組の構造であっても解くことができるところまで完成されていた．それは，骨組を構成するはり要素の軸変形，ねじり変形，ならびに2つの慣性主軸まわりの曲げ変形問題の厳密解を求めることができるようになったからである．

そこで，まず1本のはり要素の変形解析における厳密解をどのようにして求めるかというところから話を始めることにしよう．

4.3.1 はりの軸変形解析

図 4.3 に示す長さ l のはり要素に一様分布荷重 q_z が軸方向に作用している．このはり要素に対する z 方向の軸変形問題の変分定式化を簡潔に示すと以下のとおりである．

(i) 境界値問題としての定式化

$$\text{平衡方程式} \quad EAw'' + q_z = 0 \tag{4.9}$$

境界条件 $z=0$ または $z=l$ で

$$w = \bar{w} \quad \text{(固定端)} \tag{4.10a}$$

$$EAw' = \bar{P} \quad \text{(荷重端)} \tag{4.10b}$$

$$\text{一般解} \quad w(z) = c_0 + c_1 z - \frac{1}{EA} \iint q_z \, \mathrm{d}z^2 \tag{4.11}$$

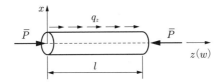

図 **4.3** はりの軸変形解析

(ii) 全エネルギーの停留原理　　$P(z) = EAw'(z)$ とすれば，次式の停留原理が得られる．

$$\delta \Pi_t = (EAw' - \bar{P})\delta w|_0^l + (w - \bar{w})\delta P|_0^l$$
$$- \int_0^l (EAw'' + q_z)\delta w\,\mathrm{d}z = 0 \tag{4.12}$$

4.3.2　はりの St. Venant のねじり解析

前節と同様，図 4.4 に示す長さ l のはり要素に一様分布ねじりモーメント m_z が作用している．このはり要素に対する St. Venant のねじり問題は以下のように定式化される．

(i) 境界値問題としての定式化

$$\text{平衡方程式}\quad GK\chi'' + m_z = 0 \tag{4.13}$$

境界条件 $z = 0$ または $z = l$ で

$$\chi = \bar{\chi} \quad \text{（固定端）} \tag{4.14a}$$

$$GK\chi' = \bar{M}_z \quad \text{（荷重端）} \tag{4.14b}$$

$$\text{一般解}\quad \chi(z) = \alpha_0 + \alpha_1 z - \frac{1}{GK}\int m_z\,\mathrm{d}z \tag{4.15}$$

(ii) 全エネルギーの停留原理　　$M_z(z) = GK\chi'(z)$ とすれば，次式の停留原理が得られる．

$$\delta \Pi_t = (GK\chi' - \bar{M}_z)\delta\chi|_0^l + (\chi - \bar{\chi})\delta M_z|_0^l$$
$$- \int_0^l (GK\chi'' + m_z)\delta\chi\,\mathrm{d}z = 0 \tag{4.16}$$

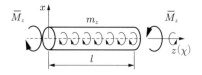

図 **4.4**　はりの St. Venant のねじり解析

4.3.3 はりの曲げ変形解析

図 4.5 に示す長さ l のはり要素に一様分布荷重 q_x が作用している．このはり要素における断面主軸の 1 つ y 軸まわりに曲げ変形を起こす問題を考える．

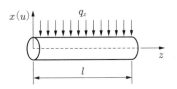

図 4.5 はりの曲げ変形解析

(i) 境界値問題としての定式化

$$\text{平衡方程式} \quad EI_y u'''' - q_x = 0 \tag{4.17}$$

境界条件 $z = 0$ または $z = l$ で

$$u = 0, \quad u' = 0 \quad \text{(固定端)} \tag{4.18a}$$

$$u = 0, \quad u'' = 0 \quad \text{(荷重端)}^{*1} \tag{4.18b}$$

$$u'' = 0, \quad u''' = 0 \quad \text{(自由端)} \tag{4.18c}$$

なお，境界条件の組合せとしては，図 4.6 のパターンが考えられる．

この問題を解くため，正解 $u(z)$ を，その斉次方程式の一般解 $u_g(z)$ と特解 $u_p(z)$ の和で表す．

$$u(z) = u_g(z) + u_p(z) \tag{4.19}$$

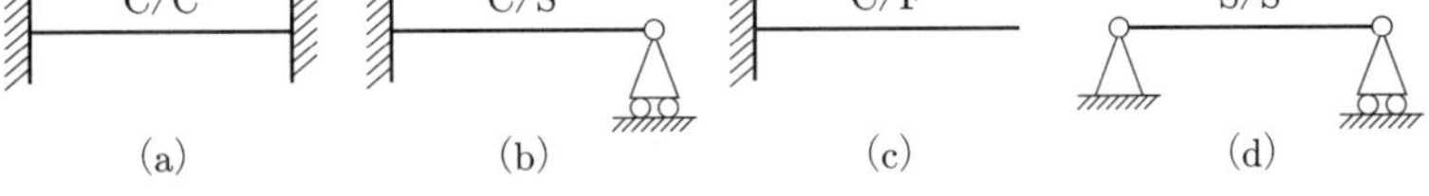

図 4.6 境界条件の組合せ．C は固定端，S は単純支持端，F は自由端を表す．

*1 （編者注）式 (4.18b) の荷重項は単純支持端 (S) である．

斉次方程式の解一般　　$u_g''''(z) = 0$,　　$u_g(z) = a_0 + a_1 z + a_2 z^2 + a_3 z^3$

特解　　$u_p''''(z) = q_x$,　　$u_p(z) = \dfrac{q_x z^4}{24 EI_y}$

すなわち,

$$u(z) = a_0 + a_1 z + a_2 z^2 + a_3 z^3 + \dfrac{q_x z^4}{24 EI_y} \tag{4.20}$$

未定係数は a_0, a_1, a_2, a_3 の 4 個で，4 つの境界条件を満足すれば解析解が決定される．たとえば，図 4.6 に示す C/C, C/S, C/F および S/S の問題はこの未定係数を決定することがある．

(ii) エネルギー法による解析　　この問題の全エネルギーの停留原理による定式化は次のようになる．

(1) エネルギー形式

$$\Pi_t = \int_0^l EI_y [u''(z)]^2 dz - \int_0^l q_x(z) u\, dz - (M_y u' + V_x u)|_{z=0,l} \tag{4.21}$$

ここに課される境界条件は図 4.6 に示す C/C, C/S (or S/C), C/F (or F/C), S/S のいずれかである．

(2) 仕事形式

$$|(M_y - \bar{M}_y)\delta u' + (V_x - \bar{V}_x)\delta u|_0^l + |(u' - \bar{u}')\delta M_y + (u - \bar{u})\delta V_x|_0^l$$
$$- \int_0^l [EI_y u'''' - q_x(z)]\delta u\, dz = 0 \tag{4.22}$$

ここに, $M_y = EI_y u''$, $-V_x = EI_y u'''$ である．

　一例として片持ちばり (C/F) の場合について解析する．固定端の変位 u, 回転角 u', 自由端のモーメント M_y およびせん断力 V_x をはじめから 0 とせず, $\bar{u}(0), \bar{u}'(0), \bar{M}_y(l), \bar{V}_x(l)$ のポテンシャルを考える．すなわち，まず次式により計算し

$$\Pi_t = \int_0^l EI_y [u''(z)]^2 dz - \int_0^l q_x(z) u\, dz - [M_y(0)\,\bar{u}'(0)$$
$$+ V_x(0)\,\bar{u}(0)] - [\bar{M}_y(l)\,u'(l) + \bar{V}_x(l)\,u(l)] \tag{4.23}$$

最後に

$$\bar{u}(0) = \bar{u}'(0) = 0, \qquad \bar{M}_y(l) = \bar{V}_x(l) = 0$$

とすればよい.

あるいは，式 (4.22) は次式のように与えられる.

$$|M_y \delta u' + V_x \delta u|_{z=l}| - |u' \delta M_y + u \delta V_x|_{z=0}$$
$$- \int_0^l [EI_y u'''' - q_x(z)] \, \delta u \, \mathrm{d}z = 0 \tag{4.24}$$

ただし,

$$M_y = EI_y u'', \qquad -V_x = EI_y u'''$$
$$\bar{u}(0) = \bar{u}'(0) = 0, \qquad \bar{M}_y(l) = \bar{V}_x(l) = 0$$

である.

この問題の解を z に関するべき級数と仮定すれば,

$$u(z) = a_0 + a_1 z + a_2 z^2 + a_3 z^3 + a_4 z^4 \tag{4.25}$$

と 4 次多項式で表せる. 何となれば a_n ($n \geq 5$) はこのように 0 となるからである.

この式 (4.25) は 8 つの全解法に適用できる変位関数であるが，式 (4.24) を用いて解く方が効率がよい. すなわち，式 (4.24) を用いる解法は解法 (5) の Trefftz 法であり，DM(II)，EM(II)，GM(II) もこの中に含まれる. したがって，式 (4.25) の変位関数は解法 (1) を始めとして DM(I)，EM(I)，GM(I) の解法を与えることになる. そして平衡法 EM(I)，および EM(II) はこの簡単な例題ではその重要性は示されないが，いわゆる応力法 (FM) であって，骨組構造解析においては式 (4.25) を用いると，DM も EM も平等に含まれた形で解析できる混合法 (MM) が成立している.

すなわち，式 (4.24) を用いる場合は，式 (4.22) より次のような変分方程式が得られる.

$$M_y(l) \delta u'(l) + V_x(l) \delta u(l) + u'(0) \delta M_y(0) + u(0) \delta V_x(0) = 0 \tag{4.26}$$

式 (4.26) は，次の境界条件

(1) $z=0$ で固定：$u(0)=0$, $u'(0)=0$
(2) $z=l$ で自由：$M_y(l)=0$, $V_x(l)=0$

と同等であり，(1) の条件を採用する解法は DM(II)，(2) の条件を採用する解法は EM(II) に相当し，いずれの場合も次の正解が得られるのである．

$$u(z) = \frac{qz^2}{24EI}(6l^2 - 4lz + z^2) \qquad (4.27)$$

この簡単な例題の場合，上下界挟み撃ちのプロセスが現われず，いきなり正解を与えることになってしまった．4.4 節の骨組構造解析において DM(II)，EM(II) の両方を含んだ形の混合解析法 (MM) の例題が示されるであろう．

なお，付録の表 A.3 ははりの曲げ問題に対する全エネルギーの停留原理とそれより導かれる 8 種類のエネルギー解法に対する変分方程式と付帯境界条件を示す．

付帯境界条件のとり方は次のとおりである．

(1) $z=0$ または l で変位境界条件または応力境界条件のどちらかをとる．
(2) 両端で応力境界条件をとる場合，外力が平衡条件を満足している必要がある．
(3) 標準境界条件として固定，支持，自由の 3 種類に限る．

4.4 骨 組 構 造

前節までに導いた諸関係式には，骨組構造解析における変位を未知量にとる変位法 (DM)，応力を未知量にとる応力法 (FM)，または，両者を未知量にとる混合法 (MM)[あるいはハイブリッド法 (Hybrid Method)] の 3 つの解法が存在する．

そこでまず，3 つの変形問題に対する基礎方程式，付帯境界条件とそれぞれの境界値問題に対する変分原理を与える．次いで，これらのはり柱要素を用いた骨組構造解析は，それがいかに複雑な構造であっても混合法の立場で常に厳密解を求めることができることを説明する．

もっと詳しく述べるとこの混合法によれば，各はり要素の状態ベクトル (state vector) S，すなわち変位成分 d と，それとペアを構成する断面力 f が同時に，しかも厳密に求められることを意味し，約半世紀前に，有限要素法の世界から姿

を消してしまった応力法が骨組構造解析の分野で復活できたことを説明する．以下にその概要を簡潔に説明する．

4.4.1 はり要素の変位関数

本章でこれまで述べてきたはりの曲げ，ねじり，および軸変形に対するはり要素の状態ベクトル $(u, v, w, \theta, \phi, \chi, V_x, V_y, V_z, M_x, M_y, M_z)$ は，次式のように厳密に求めることができる．

いま，図 4.7 に示すように要素の原点をはりの中点にとると，z の変域は

$$-\frac{l}{2} \leq z \leq \frac{l}{2}$$

となり，変位は次式のように与えられる．

$$u(z) = u_0 + \phi_0 z + \frac{M_{y0}}{2EI_y}z^2 - \frac{V_{x0}}{6EI_y}z^3 + \bar{u}_q(z) \tag{4.28a}$$

$$v(z) = v_0 - \theta_0 z - \frac{M_{x0}}{2EI_x}z^2 - \frac{V_{y0}}{6EI_x}z^3 + \bar{v}_q(z) \tag{4.28b}$$

$$w(z) = w_0 + \frac{V_{z0}}{EA}z + \bar{w}_q(z) \tag{4.28c}$$

$$\theta(z) = \theta_0 + \frac{M_{x0}}{EI_x} - \frac{V_{y0}}{2EI_x} + \bar{v}'_q(z) \tag{4.28d}$$

$$\phi(z) = \phi_0 + \frac{M_{y0}}{EI_y}z - \frac{V_{x0}}{2EI_y}z^2 + \bar{u}'_q(z) \tag{4.28e}$$

$$\chi(z) = \chi_0 + \frac{M_{z0}}{GK} + \bar{\chi}_m(z) \tag{4.28f}$$

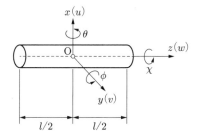

図 **4.7** はり要素の座標系

ここに，下付の 0 は座標原点 O を表しており，$\bar{u}_q, \bar{v}_q, \bar{w}_q, \bar{u}'_q, \bar{v}'_q, \bar{\chi}_m$ は要素内に働く荷重による項を表している．

4.4.2 はり要素に対する全エネルギー Π_t の式

V をはりの有する 2 慣性主軸まわりの曲げ，軸変形および St. Venant のねじりに対するひずみエネルギーとすれば次式で与えられる．

$$V = \frac{1}{2} \int_{-l/2}^{l/2} \left\{ \frac{[M_x(z)]^2}{EI_x} + \frac{[M_y(z)]^2}{EI_y} + \frac{[M_z(z)]^2}{GK} + \frac{[V_z(z)]^2}{EA} \right\} dz \quad (4.29)$$

また，外力 $(\bar{q}_x(z), \bar{q}_y(z), \bar{q}_z(z), \bar{m}_z(z))$ および強制変位 $(\bar{u}(z), \bar{v}(z), \bar{w}(z), \bar{\theta}(z), \bar{\phi}(z), \bar{\chi}(z))$ のポテンシャル W は次式で与えられる．

$$\begin{aligned} W = &\int_{-l/2}^{l/2} [\bar{q}_x(z)\,u + \bar{q}_y(z)\,v + \bar{q}_z(z)\,w + \bar{m}_x(z)\,\theta + \bar{m}_y(z)\,\phi + \bar{m}_z(z)\,\chi]\,dz \\ &+ \int_{-l/2}^{l/2} [\bar{u}(z)\,q_x + \bar{v}(z)\,q_y + \bar{w}(z)\,q_z + \bar{\theta}(z)\,m_x + \bar{\phi}(z)\,m_y + \bar{\chi}(z)\,m_z]\,dz \end{aligned}$$
(4.30)

したがって，Π_t は次式で与えられる．

$$\Pi_t = 2V - W \quad (4.31)$$

外力のポテンシャル W の 2 つの線積分項のうちの第 2 項は，物理的に理解し難い項と思われるが，たとえば補強板の変形問題を考えるとき，その接合線に沿って変位の連続性が満たされるよう，平板と補強材との間に相関ポテンシャルを考えることが必要となる．この項はそのような場合に必要となるポテンシャル項である．この問題は改めて 8 章で再論することにする．

また，これらの式の両端の境界条件によるポテンシャル項が考慮されていないが，骨組構造においていくつかのメンバーの結合点が内部節点の場合，結合はり要素全体の平衡条件とはり要素間の変位の連続条件が必要である．

いま，代表的要素の番号を n $(n = 1, 2, 3, \cdots, m)$ とし，その両端の節点でそれに連結されるはり要素の番号を k とすれば，この骨組構造系全体のエネルギー Π_t は次式により与えられる．

$$\Pi_t = \sum_n \left\{ \int_{-l/2}^{l/2} [EI_y^{(n)}(u_n'')^2 + EI_x^{(n)}(v_n'')^2 + GK^{(n)}(\chi_n')^2 \right.$$

4.4 骨組構造　　51

$$
\begin{aligned}
&+ EA^{(n)}(w'_n)^2] \mathrm{d}z - \sum_k \int_{-l/2}^{l/2} [\bar{q}_x^{(k)}(z) u_n + \bar{q}_y^{(k)}(z) v_n + \bar{q}_z^{(k)}(z) w_n \\
&+ \bar{m}_x^{(k)}(z) \theta_n + \bar{m}_y^{(k)}(z) \phi_n + \bar{m}_z^{(k)}(z) \chi_n] \mathrm{d}z \\
&- \sum_k \int_{-l/2}^{l/2} [\bar{u}^{(k)}(z) q_x^{(n)} + \bar{v}^{(k)}(z) q_y^{(n)} + \bar{w}^{(k)}(z) q_z^{(n)} + \bar{\theta}^{(k)}(z) m_x^{(n)} \\
&+ \bar{\phi}^{(k)}(z) m_y^{(n)} + \bar{\chi}^{(k)}(z) m_z^{(n)}] \mathrm{d}z \Big\} \tag{4.32}
\end{aligned}
$$

ここに $\sum_k$ は内部節点 k を共有するベクトルのはり要素について総和をとることを意味する．外部節点の場合は変位，または応力境界のどちらかである．

ゆえに，はり要素の全エネルギー Π_t の停留原理は次式で与えられる．

$$\delta \Pi_t = 0 \quad (\text{はり要素 } u, v, w, \theta, \phi, \chi \text{ に関して}) \tag{4.33}$$

また，Π_t 停留原理の仕事形式は次式で与えられる．

$$
\begin{aligned}
\sum_n \Big\{ &\int_{-l/2}^{l/2} \Big[\left(EI_x^{(n)} u_n'''' - \bar{q}_x^{(n)} \right) \delta u_n + \left(EI_y^{(n)} v_n'''' - \bar{q}_y^{(n)} \right) \delta v_n \\
&+ \left(EA^{(n)} w_n'' - \bar{q}_z^{(n)} \right) \delta w_n + \left(GK^{(n)} \chi_n'' - \bar{m}_z^{(n)} \right) \delta \chi_n \Big] \mathrm{d}z \\
&+ \sum_k \Big[\left(u_n - u^{(k)} \right) \delta q_x^{(n)} + \left(v_n - v^{(k)} \right) \delta q_y^{(n)} + \left(w_n - w^{(k)} \right) \delta q_z^{(n)} \\
&+ \left(\theta_n - \theta^{(k)} \right) \delta m_x^{(n)} + \left(\phi_n - \phi^{(k)} \right) \delta m_y^{(n)} + \left(\chi_n - \chi^{(k)} \right) \delta m_z^{(n)} \Big] \mathrm{d}z \Big\} = 0
\end{aligned}
\tag{4.34}
$$

この変分方程式は補強板や箱形はりなどの構造解析において有用な変分原理である．また，骨組構造解析の場合，部材どうしの相関は両端に限られ，各要素 n ごとに [ ] 内は 0 となるべきであるから n を省略し，次式のように簡単化される．

$$
\begin{aligned}
\int_{-l/2}^{l/2} &[(EI_x u'''' - \bar{q}_x) \delta u + (EI_y v'''' - \bar{q}_y) \delta v \\
&+ (EAw'' - \bar{q}_z) \delta w + (GK\chi'' - \bar{m}_z) \delta \chi] \mathrm{d}z \\
&+ \Big[\left(V_x - \sum_k V_x^{(k)} \right) \delta u + \left(V_y - \sum_k V_y^{(k)} \right) \delta v + \left(V_z - \sum_k V_z^{(k)} \right) \delta w
\end{aligned}
$$

$$-\left(M_y - \sum_k M_y^{(k)}\right)\delta u' - \left(M_x - \sum_k M_x^{(k)}\right)\delta v' - \left(M_z - \sum_k M_z^{(k)}\right)\delta \chi$$
$$+\left(u - u^{(k)}\right)\delta V_x + \left(v - v^{(k)}\right)\delta V_y + \left(w - w^{(k)}\right)\delta V_z$$
$$-\left(u' - u'^{(k)}\right)\delta M_y - \left(v' - v'^{(k)}\right)\delta M_y + \left(\chi - \chi^{(k)}\right)\delta M_z \Big]_{-l/2}^{l/2} = 0 \quad (4.35)$$

ここで考えているはり要素の両端の節点が内部節点の場合，次のような全体座標系に関して状態ベクトルの連続性が要求される．

(1) 節点力の平衡条件式

$$V_x - \sum_k V_x^{(k)} = 0, \ V_y - \sum_k V_y^{(k)} = 0, \ V_z - \sum_k V_z^{(k)} = 0 \quad (4.36a)$$

$$M_x - \sum_k M_x^{(k)} = 0, \ M_y - \sum_k M_y^{(k)} = 0, \ M_z - \sum_k M_z^{(k)} = 0 \quad (4.36b)$$

(2) 変位の適合条件式

$$u - u^{(k)} = 0, \quad v - v^{(k)} = 0, \quad w - w^{(k)} = 0 \quad (4.37a)$$

$$v' - v'^{(k)} = 0, \quad u' - u'^{(k)} = 0, \quad \chi - \chi^{(k)} = 0 \quad (4.37b)$$

次に，具体的な展開のために簡単な立体骨組の変形および応力解析を想定する．ここで注意すべき点は，変位場 u, v, w, χ を表すための未定係数である未知パラメーター (a_0, a_1, a_2, a_3), (b_0, b_1, b_2, b_3), (c_0, c_1), (α_0, α_1) の 12 の代数パラメーターである．これらのパラメーターは，はり要素座標原点の 12 個の変位ベクトル $\boldsymbol{d}$ および断面力ベクトル $\boldsymbol{f}$，すなわち，状態ベクトル $\boldsymbol{S} = \lfloor \boldsymbol{d}, \boldsymbol{f} \rfloor$ と 1 対 1 で対応している．はり要素の場合，その重心に関する状態ベクトル $\boldsymbol{S}$ を要素パラメーターとして解析することができ，その代表的要素の変位ベクトル $\boldsymbol{d}$ は free–free の場合 0 とおいても解析の一般性を損なわない．すなわち，$\boldsymbol{d}$ は剛体変位を表す．

(1) **節点平衡条件式**　　全体座標系により空間骨組構造を定義し，その中にある節点 $P(x, y, z)$ に集まる部材の代表をとって考える．部材主軸にとった局所座標系 $\boldsymbol{x}$ と全体座標系 $\boldsymbol{X}$ との座標変換マトリックス $\boldsymbol{A}$ を次式で定義する．

$$\boldsymbol{X} = \boldsymbol{A}\boldsymbol{x} \tag{4.38}$$

3次元成分で表すと以下のとおりである.

$$\begin{Bmatrix} X \\ Y \\ Z \end{Bmatrix} = \begin{bmatrix} l_1 & m_1 & n_1 \\ l_2 & m_2 & n_2 \\ l_3 & m_3 & n_3 \end{bmatrix} \begin{Bmatrix} x \\ y \\ z \end{Bmatrix} \tag{4.39}$$

そうすると,節点平衡条件式はマトリックスを用いて次式のように表せる.

$$\boldsymbol{R} = \boldsymbol{T}\boldsymbol{r} \tag{4.40}$$

ここに,

$$\boldsymbol{r} = \lfloor V_x, V_y, V_z M_x, M_y, M_z \rfloor_L$$
$$\boldsymbol{R} = \lfloor V_x, V_y, V_z M_x, M_y, M_z \rfloor_G$$

下付の G は全体座標系,L は局所座標系を示す.また,$\boldsymbol{T}$ は以下の関係にある.

$$\boldsymbol{T} = \begin{bmatrix} \boldsymbol{A} & 0 \\ 0 & \boldsymbol{A} \end{bmatrix} \tag{4.41}$$

したがって,節点 i における節点平衡条件式は次式のように与えられる.

$$\sum_j \boldsymbol{T}_j^i \boldsymbol{r}_j^i = \bar{\boldsymbol{Q}}_i \tag{4.42}$$

ここで,j は節点 i に関係する要素メンバーを表している.また,$\bar{\boldsymbol{Q}}_i$ は節点 i に働いている既知外力である.

(2) **節点変位適合条件式**　各節点の変位ベクトルを $\boldsymbol{U}$ とすれば,節点を共有する i 番目の部材の変位 $\boldsymbol{u}$ との間には次式が成立する.

$$\boldsymbol{U} = \boldsymbol{T}\boldsymbol{u} \tag{4.43}$$

ここに,

$$\boldsymbol{u} = (u, v, w, \theta, \phi, \chi)_L$$
$$\boldsymbol{U} = (U, V, W, \Theta_x, \Theta_y, \Theta_z)_G$$

また，
$$\theta = \frac{dv}{dz}, \qquad \phi = -\frac{du}{dz}$$
式 (4.43) から容易に次式が導かれる．
$$\boldsymbol{T}_i \boldsymbol{u}_i = \boldsymbol{T}_j \boldsymbol{u}_j \tag{4.44}$$

式 (4.44) において j は要素 i と節点を共有する他のすべての要素メンバーを示す．いま，節点 k を p 個のはり要素が共有するとすれば
$$j = (1, 2, \cdots, i-1, i+1, \cdots, p)$$
したがって，式 (4.44) は次式のように与えられる．

$$l_{i1}u_i + m_{i1}v_i + n_{i1}w_i = l_{j1}u_j + m_{j1}v_j + n_{j1}w_j \tag{4.45a}$$
$$l_{i2}u_i + m_{i2}v_i + n_{i2}w_i = l_{j2}u_j + m_{j2}v_j + n_{j2}w_j \tag{4.45b}$$
$$l_{i3}u_i + m_{i3}v_i + n_{i3}w_i = l_{j3}u_j + m_{j3}v_j + n_{j3}w_j \tag{4.45c}$$

あるいは
$$l_{ik}u_i + m_{ik}v_i + n_{ik}w_i = l_{jk}u_j + m_{jk}v_j + n_{ij}w_j \qquad (k=1,2,3) \tag{4.46}$$
同様にして，
$$l_{ik}\theta_i + m_{ik}\phi_i + n_{ik}\chi_i = l_{jk}\theta_j + m_{jk}\phi_j + n_{jk}\chi_j \qquad (k=1,2,3) \tag{4.47}$$

ここで注意しておきたいことは，式 (4.6) および式 (4.8) で与えられる変位ベクトル，断面力ベクトルの式は考えているはり要素の任意の点の状態ベクトルを表していることである．したがって，式 (4.42)，または式 (4.44) で与えられる各節点における平衡条件式の流動座標 z を $z=0$ または，$z=l$ とおいて得られる値を用いなければならない．

4.4.3 解析法の手順

さて，以上の準備をもとに解析法の手順を示せば次のようになる．

(1) 各はり柱要素につき状態量ベクトル，すなわち，式 (4.6) に示す変位ベクトル $d(z)$ および式 (4.8) に示す断面力ベクトル $f(z)$ を計算する．
(2) 各内部節点 (境界節点ではない) 以外の点における断面力の平衡条件式 (4.42) を作成する．
(3) 各内部節点における節点変位の連続条件式 (4.43) をもれなく作成する．
(4) 骨組全体系の平衡方程式を作成すると，それは正方でスパースな帯状マトリックス方程式となるであろう．
(5) 外部境界条件

$$\text{変位が規定される場合} \quad d = \bar{d}$$
$$\text{応力が規定される場合} \quad \sum_k f_k = \bar{f}_k$$

(6) (4) で構成された全体系の方程式に外部境界条件を代入し，整理すると外部境界条件の数だけ縮小された正方マトリックスが得られるから，それを適当なソルバーで解けば各要素メンバーの変位ベクトル $d(z)$ および断面力ベクトル $f(z)$ が決定される．それから，最後に変位境界点 $d = \bar{d}$ の未知反力や応力境界節点 $f = \bar{f}$ の未知変位 d_k が決定されれば問題が完全に解けたことになる．

4.5 はり要素による数値計算例

前節まででは統一エネルギー原理による新しいはり要素の解法について述べたが，本節ではそれにもとづいた数値計算例を示す．

4.5.1 自由端に集中荷重を受ける片持ちばりの計算例 (静定問題)

簡単のため 2 次元問題とし，本解法の特徴を明らかにするため，数値計算例として自由端に集中荷重を受ける片持ちばりについて明示する．

図 4.8 に 2 要素よりなる標題の計算モデルを示す．要素長さを $l = 2\,\text{m}$，断面 2 次モーメントを $I_y = 8.33333 \times 10^{-6}\,\text{m}^4$ とし，ヤング率を $E = 206\,\text{GPa}$ とする．左端を完全拘束条件とし，右端に x 方向の集中荷重 $\bar{F}_x = -1\,\text{kN}$ を作用させる．

図 **4.8** 片持ちばりの計算モデル

4.4.3 項での解法の手順に従って以下に解説する．記号の右上添字は要素番号を表し，右下添字の 0 は要素重心を，同 1, 2, 3 は節点番号を表す．

要素①の節点 1 は固定端であるので，式 (4.28) から次式が得られる．

$$u_1^{(1)}\left(-\frac{l}{2}\right) = u_0^{(1)} - \frac{l}{2}\phi_0^{(1)} + \frac{l^2}{8EI_y}M_{y0}^{(1)} + \frac{l^3}{48EI_y}V_{x0}^{(1)} = 0 \quad (4.48)$$

$$\phi_1^{(1)}\left(-\frac{l}{2}\right) = \phi_0^{(1)} - \frac{l}{2EI_y}M_{y0}^{(1)} - \frac{l^2}{8EI_y}V_{x0}^{(1)} = 0 \quad (4.49)$$

これから要素①の重心変位 u_0, ϕ_0 は次式となる．

$$u_0^{(1)} = \frac{l^2}{8EI_y}M_{y0}^{(1)} + \frac{l^3}{24EI_y}V_{x0}^{(1)} \quad (4.50)$$

$$\phi_0^{(1)} = \frac{l}{2EI_y}M_{y0}^{(1)} + \frac{l^2}{8EI_y}V_{x0}^{(1)} \quad (4.51)$$

節点 2 においての変位の連続条件式 (4.37) に式 (4.50), (4.51) を用いると，次式が求まる．

$$u_2^{(1)}\left(\frac{l}{2}\right) - u_2^{(2)}\left(-\frac{l}{2}\right) = 0$$

すなわち

$$\frac{l^2}{2EI_y}M_{y0}^{(1)} + \frac{l^3}{12EI_y}V_{x0}^{(1)}$$
$$- \left(u_0^{(2)} - \frac{l}{2}\phi_0^{(2)} + \frac{l^2}{8EI_y}M_{y0}^{(2)} + \frac{l^3}{48EI_y}V_{x0}^{(2)}\right) = 0 \quad (4.52)$$

また，

$$\phi_2^{(1)}\left(\frac{l}{2}\right) - \phi_2^{(2)}\left(-\frac{l}{2}\right) = 0$$

すなわち

$$\frac{1}{EI_y}M_{y0}^{(1)} - \left(\phi_0^{(2)} - \frac{l}{2EI_y}M_{y0}^{(2)} - \frac{l^2}{8EI_y}V_{x0}^{(2)}\right) = 0 \quad (4.53)$$

4.5 はり要素による数値計算例

節点 2 においての力の平衡条件 (4.36) から次式が求まる.

$$M_{y2}^{(1)}\left(\frac{l}{2}\right) - M_{y2}^{(2)}\left(-\frac{l}{2}\right) = M_{y0}^{(1)} - \frac{l}{2}V_{x0}^{(1)} - \left(M_{y0}^{(2)} + \frac{l}{2}V_{x0}^{(2)}\right) = 0 \quad (4.54)$$

$$V_{x2}^{(1)}\left(\frac{l}{2}\right) - V_{x2}^{(2)}\left(-\frac{l}{2}\right) = V_{x0}^{(1)} - V_{x0}^{(2)} = 0 \quad (4.55)$$

節点 3 は荷重端であるので, 式 (4.42) から次式が成り立つ.

$$M_{y3}^{(2)}\left(\frac{l}{2}\right) = M_{y0}^{(2)} - \frac{l}{2}V_{x0}^{(2)} = 0 \quad (4.56)$$

$$V_{x3}^{(2)}\left(\frac{l}{2}\right) = V_{x0}^{(2)} = \bar{F}_x \quad (4.57)$$

式 (4.52)–(4.57) をマトリックス表示し, 変位と力で並び替えると次式となる.

$$\begin{bmatrix} \boldsymbol{C}_{dd} & \boldsymbol{C}_{df} \\ \boldsymbol{C}_{fd} & \boldsymbol{C}_{ff} \end{bmatrix} \begin{Bmatrix} \boldsymbol{d} \\ \boldsymbol{f} \end{Bmatrix} = \begin{Bmatrix} \boldsymbol{T}_d \\ \boldsymbol{T}_f \end{Bmatrix} \quad (4.58)$$

成分で表示すると以下のようになる.

$$\begin{bmatrix} -1 & \frac{l}{2} & \frac{l^3}{12EI_y} & \frac{l^2}{2EI_y} & -\frac{l^3}{48EI_y} & -\frac{l^2}{8EI_y} \\ 0 & -1 & 0 & \frac{l}{EI_y} & \frac{l^2}{8EI_y} & \frac{l}{2EI_y} \\ 0 & 0 & 1 & 0 & -1 & 0 \\ 0 & 0 & -\frac{l}{2} & 1 & -\frac{l}{2} & -1 \\ 0 & 0 & 0 & 0 & 1 & 0 \\ 0 & 0 & 0 & 0 & -\frac{l}{2} & 1 \end{bmatrix} \begin{Bmatrix} u_0^{(2)} \\ \phi_0^{(2)} \\ V_{x0}^{(1)} \\ M_{y0}^{(1)} \\ V_{x0}^{(2)} \\ M_{y0}^{(2)} \end{Bmatrix} = \begin{Bmatrix} 0 \\ 0 \\ 0 \\ 0 \\ \bar{F}_x \\ 0 \end{Bmatrix} \quad (4.59)$$

本例題は静定問題であり, その場合には式 (4.59) から $\boldsymbol{C}_{fd} = \boldsymbol{0}$ となることがわかる. これを利用すれば, 部材力解 $\boldsymbol{f}$ は容易に求まり次式で与えられる.

$$\boldsymbol{f} = \boldsymbol{C}_{ff}^{-1} \boldsymbol{T}_f \quad (4.60)$$

したがって, 断面力が以下のように求まる.

$$\begin{Bmatrix} V_{x0}^{(1)} \\ M_{y0}^{(1)} \\ V_{x0}^{(2)} \\ M_{y0}^{(2)} \end{Bmatrix} = \begin{bmatrix} 1 & 0 & 1 & 0 \\ \frac{l}{2} & 1 & \frac{3l}{2} & 1 \\ 0 & 0 & 1 & 0 \\ 0 & 0 & \frac{l}{2} & 1 \end{bmatrix} \begin{Bmatrix} 0 \\ 0 \\ \bar{F}_x \\ 0 \end{Bmatrix} = \begin{Bmatrix} F \\ \frac{3Fl}{2} \\ F \\ \frac{Fl}{2} \end{Bmatrix} = \begin{Bmatrix} -1000 \\ -3000 \\ -1000 \\ -1000 \end{Bmatrix} \quad (4.61)$$

また，変位解 d は次式で求められる．
$$d = C_{dd}^{-1}(T_d - C_{df}C_{ff}^{-1}T_f) \tag{4.62}$$
したがって，変位が以下のように求まる．

$$\begin{Bmatrix} u_0^{(2)} \\ \phi_0^{(2)} \end{Bmatrix} = \begin{bmatrix} -1 & \frac{l}{2} \\ 0 & -1 \end{bmatrix}^{-1}$$

$$\times \left(\begin{Bmatrix} 0 \\ 0 \end{Bmatrix} - \begin{bmatrix} \frac{l^3}{12EI_y} & \frac{l^2}{2EI_y} & -\frac{l^3}{48EI_y} & -\frac{l^2}{8EI_y} \\ 0 & \frac{l}{EI_y} & \frac{l^2}{8EI_y} & \frac{l}{2EI_y} \end{bmatrix} \begin{bmatrix} 1 & 0 & 1 & 0 \\ \frac{l}{2} & 1 & \frac{3l}{2} & 1 \\ 0 & 0 & 1 & 0 \\ 0 & 0 & \frac{l}{2} & 1 \end{bmatrix} \begin{Bmatrix} 0 \\ 0 \\ \bar{F}_x \\ 0 \end{Bmatrix} \right)$$

$$= \begin{Bmatrix} \frac{27Fl^2}{16EI_y} \\ \frac{15Fl^2}{8EI_y} \end{Bmatrix} = \begin{Bmatrix} -0.00786439 \\ -0.00436911 \end{Bmatrix} \tag{4.63}$$

要素①の重心変位は式 (4.50), (4.51) から次式となる．

$$u_0^{(1)} = \frac{l^2}{8EI_y}M_{y0}^{(1)} + \frac{l^3}{24EI_y}V_{x0}^{(1)} = -0.00106797 \tag{4.64}$$

$$\phi_0^{(q)} = \frac{l}{2EI_y}M_{y0}^{(1)} + \frac{l^2}{8EI_y}V_{x0}^{(1)} = -0.00203884 \tag{4.65}$$

ここで要素重心での変位と力が定まったので，節点での変位と力が求まる．

$$u_2^{(2)}\left(-\frac{l}{2}\right) = u_0^{(2)} - \frac{l}{2}\phi_0^{(2)} + \frac{l^2}{8EI_y}M_{y0}^{(2)} + \frac{l^3}{48EI_y}V_{x0}^{(2)} = -0.00388365$$

$$\phi_2^{(2)}\left(-\frac{l}{2}\right) = \phi_0^{(2)} - \frac{l}{2EI_y}M_{y0}^{(2)} - \frac{l^2}{8EI_y}V_{x0}^{(2)} = -0.00349529$$

$$u_3^{(2)}\left(\frac{l}{2}\right) = u_0^{(2)} + \frac{l}{2}\phi_0^{(2)} + \frac{l^2}{8EI_y}M_{y0}^{(2)} - \frac{l^3}{48EI_y}V_{x0}^{(2)} = -0.0124277$$

$$\phi_3^{(2)}\left(\frac{l}{2}\right) = \phi_0^{(2)} + \frac{l}{2EI_y}M_{y0}^{(2)} - \frac{l^2}{8EI_y}V_{x0}^{(2)} = -0.00466038$$

$$V_{x1}^{(1)}\left(-\frac{l}{2}\right) = V_{x0}^{(1)} = -1000, \qquad M_{y1}^{(1)}\left(-\frac{l}{2}\right) = M_{y0}^{(1)} + \frac{l}{2}V_{x0}^{(1)} = -4000$$

$$V_{x2}^{(2)}\left(-\frac{l}{2}\right) = V_{x0}^{(2)} - 1000, \qquad M_{y}^{(2)}\left(-\frac{l}{2}\right) = M_{y0}^{(2)} + \frac{l}{2}V_{x0}^{(2)} = -2000$$

$$V_{x3}^{(2)}\left(\frac{l}{2}\right) = V_{x0}^{(2)} = -1000, \qquad M_{y3}^{(2)}\left(-\frac{l}{2}\right) = M_{y0}^{(2)} + \frac{l}{2}V_{x0}^{(2)} = 0$$

表 4.1　片持ちばり計算結果の比較

節点	節点 2				節点 3			
変数	u_2	ϕ_2	V_{x2}	M_{y2}	u_3	ϕ_3	V_{x3}	M_{y3}
理論解	-0.00388350	-0.00349529	-1000	-2000	-0.0124272	-0.00466038	-1000	0
計算結果	-0.00388365	-0.00349529	-1000	-2000	-0.0124277	-0.00466038	-1000	0

計算結果と理論解の比較を表 4.1 に示す．数値誤差を除いて，理論解とよい一致を示している．

以上では本解法の特徴を明示するため，片持ちばりの問題に限定して式の展開を示したが，任意構造の一般の問題に適用するためには，4.4.3 項の解析法の手順に従って，システメテックにマトリックスを構成し，連立方程式を解いて変位と部材力を求めればよい．

4.5.2　門型ラーメンの計算例

図 4.9 に示す門型ラーメンを考え，逆対称性から 2 要素よりなる 1/2 逆対称モデルとする．

要素①の節点 1 (固定端) では $z = -l/2$ とおいて，固定条件 $u = 0, u' = 0$ から次式が導かれる．

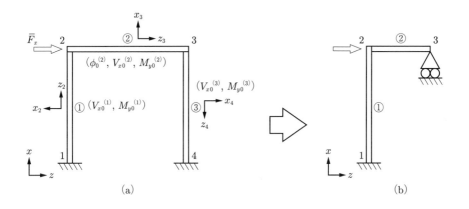

図 4.9　門型ラーメンモデル

$$u_1^{(1)}\left(-\frac{l}{2}\right) = u_0^{(1)} - \frac{l}{2}\phi_0^{(1)} + \frac{l^2}{8EI_y}M_{y0}^{(1)} + \frac{l^3}{48EI_y}V_{x0}^{(1)} = 0 \qquad (4.66\text{a})$$

$$\phi_1^{(1)}\left(-\frac{l}{2}\right) = \phi_0^{(1)} - \frac{l}{2EI_y}M_{y0}^{(1)} - \frac{l^2}{8EI_y}V_{x0}^{(1)} = 0 \qquad (4.66\text{b})$$

これから u_0, ϕ_0 が求まるので，節点 2 での変位は次式となる．

$$\begin{aligned} u_1^{(1)}\left(\frac{l}{2}\right) &= u_0^{(1)} + \frac{l}{2}\phi_0^{(1)} + \frac{l^2}{8EI_y}M_{y0}^{(1)} - \frac{l^3}{48EI_y}V_{x0}^{(1)} \\ &= \frac{l^2}{2EI_y}M_{y0}^{(1)} - \frac{l^3}{12EI_y}V_{x0}^{(1)} \end{aligned} \qquad (4.67\text{a})$$

$$\phi_1^{(1)}\left(\frac{l}{2}\right) = \phi_0^{(1)} + \frac{l}{2EI_y}M_{y0}^{(1)} - \frac{l^2}{8EI_y}V_{x0}^{(1)} = \frac{l}{EI_y}M_{y0}^{(1)} \qquad (4.67\text{b})$$

要素①については M_{y0}, V_{x0} が未知数で，u_0, ϕ_0 は従属変数である．節点 2 においては u と ϕ の変位連続条件として式 (4.50) が，力の平衡条件として式 (4.51) が必要である．ここで上添字は要素番号を表す．

$$\begin{aligned} \frac{l^2}{2EI_y}&M_{y0}^{(1)} + \frac{l^3}{12EI_y}V_{x0}^{(1)} \\ &- \left(u_0^{(2)} - \frac{l}{2}\phi_0^{(2)} + \frac{l^2}{8EI_y}M_{y0}^{(2)} + \frac{l^3}{48EI_y}V_{x0}^{(2)}\right) = 0 \end{aligned} \qquad (4.68\text{a})$$

$$\frac{l}{EI_y}M_{y0}^{(1)} - \left(\phi_0^{(2)} - \frac{l}{2EI_y}M_{y0}^{(2)} - \frac{l^2}{8EI_y}V_{x0}^{(2)}\right) = 0 \qquad (4.68\text{b})$$

$$M_{y0}^{(1)} + \frac{l}{2}V_{x0}^{(1)} + M_{y0}^{(2)} + \frac{l}{2}V_{x0}^{(2)} = 0 \qquad (4.69\text{a})$$

$$V_{x0}^{(1)} + V_{x0}^{(2)} = 0 \qquad (4.69\text{b})$$

節点 3 では荷重端であるので次式が成り立つ．

$$M_{y0}^{(2)} - \frac{l}{2}V_{x0}^{(2)} = 0 \qquad (4.70\text{a})$$

$$V_{x0}^{(2)} = \bar{F}_x \qquad (4.70\text{b})$$

式 (4.63)–(4.65) をマトリックス表示すれば式 (4.71) となる．これを解いて要素重心での未知パラメーターが求まり，式 (4.72) によって要素節点での変位，力

が求められる.

$$\begin{bmatrix} \frac{l^3}{12EI_y} & \frac{l^2}{2EI_y} & -1 & \frac{l}{2} & -\frac{l^3}{48EI_y} & -\frac{l^2}{8EI_y} \\ 0 & \frac{l}{EI_y} & 0 & -1 & \frac{l^2}{8EI_y} & \frac{l}{2EI_y} \\ 1 & 0 & 0 & 0 & 1 & 0 \\ -\frac{l}{2} & 1 & 0 & 0 & \frac{l}{2} & 1 \\ 0 & 0 & 0 & 0 & 1 & 0 \\ 0 & 0 & 0 & 0 & -\frac{l}{2} & 1 \end{bmatrix} \begin{Bmatrix} V_{x0}^{(1)} \\ M_{y0}^{(1)} \\ u_0^{(2)} \\ \phi_0^{(2)} \\ V_{x0}^{(2)} \\ M_{y0}^{(2)} \end{Bmatrix} = \begin{Bmatrix} 0 \\ 0 \\ 0 \\ 0 \\ \bar{F}_x \\ 0 \end{Bmatrix} \quad (4.71)$$

上述の方法では問題ごとに定式化する必要があり，汎用性に欠けるので，これを汎用的な骨組構造解析プログラムにする必要がある．4.4.3項の解析法の手順にもとづき，2次元骨組構造解析での全体システムマトリックスを計算する主要部分の概略フローチャート[21]を図4.10に示す．

全体システムマトリックスとは，特性マトリックス[要素内変位・断面力分布を要素重心での変位と断面力で表した式 (4.72)] と拘束・荷重条件，変位の連続条件，力の平衡条件をまとめたものであり，有限要素法でいう全体剛性マトリックスに相当する．

$$\begin{bmatrix} 1 & 0 & z & -\frac{z^3}{6EI_y} & 0 & \frac{z^2}{2EI_y} \\ 0 & 1 & 0 & 0 & \frac{z}{EA} & 0 \\ 0 & 0 & 1 & -\frac{z^2}{2EI_y} & 0 & \frac{z}{EI_y} \\ 0 & 0 & 0 & 1 & 0 & 0 \\ 0 & 0 & 0 & 0 & 1 & 0 \\ 0 & 0 & 0 & -z & 0 & 1 \end{bmatrix} \begin{Bmatrix} u_0 \\ w_0 \\ \phi_0 \\ V_{x0} \\ V_{z0} \\ M_{y0} \end{Bmatrix} = \begin{Bmatrix} u(z) \\ w(z) \\ \phi(z) \\ V_x(z) \\ V_z(z) \\ M_y(z) \end{Bmatrix} \quad (4.72)$$

図4.9での計算モデルにおいて，要素長さを $l_1 = 4\,\mathrm{m}$, $l_2 = 4\,\mathrm{m}$, 断面2次モーメントを $I_y = 8.33333 \times 10^{-6}\,\mathrm{m}^4$ とし，ヤング率を $E = 206\,\mathrm{GPa}$ とする．下端を完全拘束条件とし，節点2に x 方向の集中荷重 $F_x = -1\,\mathrm{kN}$ を作用させる．ここでは逆対称性を利用せずに計算する．本プログラムによる計算結果[22]の変形，曲げモーメントを有限要素解と比較して表4.2と図4.11に示す．

変形，曲げモーメントともに良好な結果が得られた．

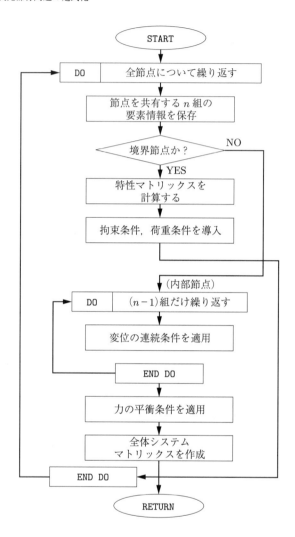

図 **4.10** 概略フローチャート

表 **4.2** 門型ラーメン計算結果

	u_2	ϕ_2	ϕ_3	V_{x1}	M_{y1}	V_{x2}	M_{y2}
本解	0.0022203	−0.00033335	0.00016599	−500.1	−1143	−500.1	857.1
FEM 解	0.0022213	−0.00033348	0.00016606	−500.1	−1143	−500.1	857.1

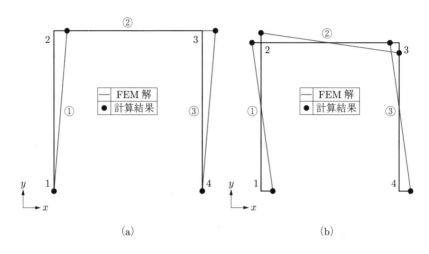

図 4.11 門型ラーメンモデルでの変形と曲げモーメント

4.5.3 立体骨組の計算例

図 4.12 に示すような簡単な立体骨組が節点 2 において x 軸方向の水平力を受ける場合の変形および応力解析の結果を紹介する.はり要素の自由度数は 12 で,要素数は 8,柱要素の下端は固定であるからその点では変位成分 (u, v, w, u', v', χ) は 0 である.したがって 8 本のはり要素の未知状態ベクトル成分は,上部の 4 つのはり要素の $4 \times 12 = 48$ と 4 つの柱の未知反力 $6 \times 4 = 24$ の計 $48 + 24 = 72$ である.それに対して 4 つの上部節点における状態ベクトルの連続条件式数は

$$\begin{array}{ll} \text{応力平衡条件式数} & 4 \times 6 = 24 \\ \text{変位連続条件式数} & 2 \times 6 \times 4 = 48 \\ \hline & \text{計 } 72 \end{array}$$

となって (72×72) の全体系マトリックス方程式が得られる.

その代表的な解析結果をグラフに示したのが図 4.13a–d である.

この結果は当然のことながら標準的有限要素法による解析結果と完全に一致した.ちなみに,この (72×72) のマトリックス方程式を節点変位連続条件式に関する 48 個の式と残りの 24 個の節点力の平衡条件式をマトリックス分割して次式の

64　4　1次元部材問題の定式化

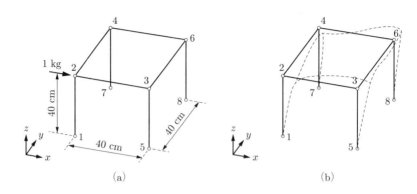

図 4.12　立体骨組構造の例．$E = 2100000\,\mathrm{kg/cm^2}$, $A = 0.50265\,\mathrm{cm^2}$, $I = 0.020106\,\mathrm{cm^4}$, $K = 0.040212\,\mathrm{cm^4}$.

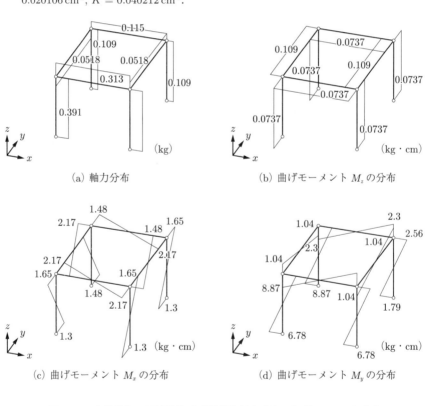

図 4.13　立体骨組の解析結果 変形状態と軸力分布，曲げモーメント分布

ように書くことができる．

$$\left[\begin{array}{c|c} K_{11} & K_{12} \\ \hline K_{21} & K_{22} \end{array}\right] \left\{\begin{array}{c} a_1 \\ \hline a_2 \end{array}\right\} = \left\{\begin{array}{c} F_1 \\ \hline F_3 \end{array}\right\} \qquad (4.73)$$

このマトリックス分割により次の2つの方程式が得られる．

$$K_{11}a_1 + K_{12}a_2 = F_1 \qquad (4.74)$$

$$K_{21}a_1 + K_{22}a_2 = F_2 \qquad (4.75)$$

K_{11}, K_{22} はそれぞれ $(48 \times 48), (24 \times 24)$ の正値対称マトリックスであるから，たとえば式 (4.74) を a_1 について解き，

$$a_1 = K_{11}^{-1}(F_1 - K_{12}a_2) \qquad (4.76)$$

が得られる．この式を式 (4.75) に代入して a_1 を消去すれば

$$(K_{22} - K_{21}K_{11}^{-1}K_{12})a_2 = F_2 - K_{21}K_{11}^{-1}F_1 \qquad (4.77)$$

ここで改めて

$$K'_{22} = K_{22} - K_{21}K_{11}^{-1}K_{12} \qquad (4.78a)$$

$$F'_2 = F_2 - K_{21}K_{11}^{-1}F_1 \qquad (4.78b)$$

とおけば

$$K'_{22}a_2 = F'_2 \qquad (4.79)$$

式 (4.79) の解は与えられた骨組の節点での変位の連続条件を満たす平衡解を与えることになるから変位法 (DM) の解である．

$$K'_{11}a_1 = F'_1 \qquad (4.80)$$

ここに

$$K'_{11} = K_{11} - K_{12}K_{22}^{-1}K_{21} \qquad (4.81a)$$

$$F'_1 = F_1 - K_{12}K_{22}^{-1}F_2 \qquad (4.81b)$$

の解を求める方法は平衡条件式を満足する変位の適合解を求める方法となるので，これは明らかに応力法 (FM) の解であり，どちらかの方法によっても同じ厳密解が得られることを示している．

　もちろん，式 (4.73) はそのまま解けて同じ厳密解が得られる．すなわち，この形の方程式は混合法 (Mixed Formulation) である．

5 2次元問題の定式化

5.1 はじめに

 固体力学における 2 次元境界値問題としては,横荷重を受ける膜のたわみの問題,弾性棒の St. Venant のねじり解析,そして,平面応力,平面ひずみ場の解析などがあげられる.これらの問題に対する全エネルギーの停留原理すなわち統一エネルギー原理の適用の方法について順を追って説明し,いくつかの例題の解析結果を紹介する.

5.2 弾性膜のたわみ解析

 一様な張力 T で張られた形状任意の弾性膜が横分布荷重 $q(x,y)$ を受けてたわみ $w(x,y)$ を生ずる場合 (図 5.1 に簡単なモデルのイメージを示す) の平衡方程式はよく知られているように

$$T \triangle w(w,y) = q(x,y) \tag{5.1a}$$

で与えられる. ($\triangle$ はラプラシアン.微小変形の範囲では $T =$ 一定 と考えられる.)
また

$$V = T\frac{\partial w}{\partial n} \tag{5.1b}$$

とすれば,これは膜の境界支持力を表す.
 付帯境界条件は

5 2次元問題の定式化

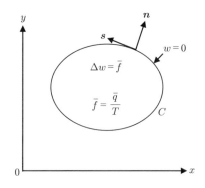

図 **5.1**　弾性膜のたわみ解析

$$\text{幾何学的境界条件} \qquad w = \bar{w} \text{ on } C_u \qquad (5.2a)$$

$$\text{応力境界条件} \qquad T\frac{\partial w}{\partial n} = \bar{V} \text{ on } C_\sigma \qquad (5.2b)$$

である．メッシュ分割した場合，その大部分が互いに隣接する境界上で当然式 (5.2) は成立していなければならない．すなわち i,j を隣接要素として場合その境界上で

$$w_i = w_j \qquad (5.3a)$$

$$T\frac{\partial w_i}{\partial n} = T\frac{\partial w_j}{\partial n} \qquad (5.3b)$$

が成立することが要求されるのである．ところが膜が張られている外部境界上では式 (5.2) で与える応力境界条件 $T(\partial w/\partial n) = \bar{V}$ on C_σ は実現は不可能であるから，外部境界 C_σ は考える必要はない．

すなわち，一般の内部要素について統一エネルギー原理を適用すると次式が得られる．

$$\iint_A (T\triangle w - \bar{q})\,\delta w\,\mathrm{d}x\,\mathrm{d}y - \int_{C_\sigma}(V - \bar{V})\,\delta w\,\mathrm{d}s$$
$$- \int_{C_u}(w - \bar{w})\,\delta V\,\mathrm{d}s = 0 \qquad (5.4a)$$

$$V = T\frac{\partial w}{\partial n} \qquad (5.4b)$$

式 (5.4) はまた，次のようにも表現できよう．すなわち，膜のたわみ問題に対する「一般化された仮想の仕事」の原理 (強形式) でもある．

さらに，この原理から付録の表 A.4 に示すような 8 種類の解法が考えられる．また式 (5.3) に対する弱形式表示は次式で与えられる．

$$\delta \iint_A T\left[\left(\frac{\partial w}{\partial x}\right)^2 + \left(\frac{\partial w}{\partial y}\right)^2\right] \mathrm{d}x\,\mathrm{d}y - \int_{C_\sigma} \bar{V} \delta w\,\mathrm{d}S - \int_{C_u} \bar{w} \delta V\,\mathrm{d}S = 0 \quad (5.5)$$

さて式 (5.3) または (5.4) を用い，有限要素法を用いないで解く場合は膜の境界方程式を $g(x,y) = 0$ として，たわみ $w(x,y)$ を次のように仮定すればよい．

$$w(x,y) = g(x,y)(a_1 + a_2 x + a_3 y + a_4 x^2 + a_5 xy + a_6 y^2 + \cdots) \quad (5.6)$$

この式を用いて，表 A.4 の DM(I) の解法に従って解けばよいことになる．

次に要素分割を行い，有限要素解析で問題を解く場合，その変分方程式は次のように与えられる．

(1) **内部要素の場合** いま i 番目の要素がその周辺で j, k, l の 3 要素に隣接している場合の変分方程式は，統合された一般化解法 (1) (GUM) に従う場合次式のように与えられる．

$$\iint_{A_i} (T \triangle w_i - \bar{q}_i) \delta w\,\mathrm{d}x\,\mathrm{d}y - \sum_j \left[\int_{C_\sigma ij} (V_i - V_j) \delta w_i\,\mathrm{d}S \right.$$
$$\left. + \int_{C_u ij} (w_i - w_j) \delta V_i\,\mathrm{d}S \right] = 0 \quad (要素 i に関して) \quad (5.7)$$

(2) **外部要素の場合** 式 (5.6) において，たとえば l 番目の辺が外部境界である場合 l 辺上の線積分は

$$\int_{Ci_{il}} (w_i - w_l) \delta V_l\,\mathrm{d}S$$

のみとすればよい．

また膜のたわみ関数 $w(x,y)$ を自己平衡解を求めて近似することもできる．それには式 (5.1) の解を特解 $w_p(x,y)$ と斉次方程式の一般解 $w_g(x,y)$ の和で表し

$$w(x,y) = w_p(x,y) + w_g(x,y) \quad (5.8\mathrm{a})$$
$$T w_p(x,y) = \bar{q}(x,y), \qquad w_g(x,y) = 0 \quad (5.8\mathrm{b})$$

とすると
$$\triangle w_g(x,y) = 0$$
となる．つまり $w_g(x,y)$ は 2 次元の調和関数
$$w_g(x,y) = \operatorname{Re}\varphi(x) \tag{5.9}$$
で与えられることになる．$\varphi(z)$ は膜の領域 A 内で正則であるとすれば
$$\varphi(z) = \sum_{n=0}^{\infty} A_n z^n$$
ここに
$$A_n = a_n + \mathrm{i} b_n, \qquad z = x + \mathrm{i} y$$
である．したがって
$$\begin{aligned}w_g(x,y) &= a_1 + a_2 x + a_3 y + a_4(x^2 - y^2) + a_5 xy \\ &\quad + a_6(x^3 - 3xy^2) + a_7(3x^2 y - y^3)\end{aligned} \tag{5.10}$$
で与えられる．この場合には解法 (7) の EM(II) で解くことになる．

ついでながら任意形状の膜のたわみの Green 関数 $G(z,\zeta)$ を求めてみよう．まず集中荷重 p に対する膜のたわみの特解は
$$\operatorname{Re}\left[\frac{p}{8\pi T}\log(z-\zeta)\right] \tag{5.11}$$
で与えられることがわかっている．ここに $\zeta = \xi + \mathrm{i}\eta$ で荷重点の座標を表す．したがって任意形状の膜のたわみの Green 関数 $G(z,\zeta)$ は次式
$$G(z,\zeta) = \operatorname{Re}\left[\frac{p}{8\pi T}\log(z-\zeta) + h(z)\right] \tag{5.12}$$
とおき,
$$\oint_C G(z,\zeta)\delta\left(\frac{\partial G}{\partial n}\right)\mathrm{d}z = 0 \tag{5.13}$$
となるように
$$h(z) = \sum_{n=0}^{\infty} A_n z^n$$
の未定係数
$$A_n = a_n + \mathrm{i} b_n$$
を決定すればよいことになる．

5.3 棒のねじり

5.3.1 弾性棒のねじり解析

任意断面の弾性棒のねじり問題は St. Venant[34] により 1855 年に半逆法 (semi-inverse method) とよばれる解法が提示された．

図 5.2 のような長さ方向に一様な棒のある断面上の点 P の変位を考える．この図において $z = 0$ の面を固定し，z 軸のまわりにねじった場合，断面 z の回転角は θz であると考える．ここに

$$\theta = \frac{d\chi}{dz}$$

$v = \theta xz$ でねじり角が小さい場合は一定と仮定できる．すなわち棒が一様ねじり (uniform torsion) の状態の場合その変位関数は次式で与えられる

$$u = -\theta yz \tag{5.14a}$$
$$v = \theta xz \tag{5.14b}$$
$$w = \theta \psi(x, y) \tag{5.14c}$$

ここに $\psi(x, y)$ を断面のゆがみ関数という．

さて式 (5.14) からひずみ成分，応力成分を求めるとそれぞれ次式のようになる．

ひずみ成分：$\varepsilon_x = \varepsilon_y = \varepsilon_z = \gamma_{xy} = 0$

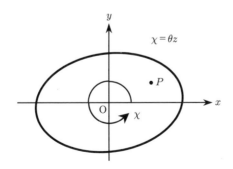

図 5.2 棒のねじり

$$\gamma_{xz} = \frac{\partial w}{\partial x} + \frac{\partial u}{\partial z} = \theta\left(\frac{\partial \psi}{\partial x} - y\right) \tag{5.15a}$$

$$\gamma_{yz} = \frac{\partial w}{\partial y} + \frac{\partial v}{\partial z} = \theta\left(\frac{\partial \psi}{\partial y} + x\right) \tag{5.15b}$$

応力成分：$\sigma_x = \sigma_y = \sigma_z = \tau_{xy} = 0$

$$\tau_{xz} = G\theta\left(\frac{\partial \psi}{\partial x} - y\right) \tag{5.16a}$$

$$\tau_{yz} = G\theta\left(\frac{\partial \psi}{\partial y} + x\right) \tag{5.16b}$$

平衡方程式は x, y 方向は自動的に満たされ z 方向だけ残る．すなわち

$$\frac{\partial \tau_{xz}}{\partial x} + \frac{\partial \tau_{yz}}{\partial y} = 0 \Rightarrow \frac{\partial^2 \psi}{\partial x^2} + \frac{\partial^2 \psi}{\partial y^2} = 0 \tag{5.17}$$

境界条件：

$$\tau_{xz}l + \tau_{yz}m = 0 \qquad \text{(表面無応力条件)} \tag{5.18a}$$

ここに S を断面の境界を表す曲線パラメーターとして

$$l = \frac{\partial x}{\partial n} = \frac{\partial y}{\partial S}, \qquad m = \frac{\partial y}{\partial n} = -\frac{\partial x}{\partial S} \tag{5.18b}$$

この式は変形整理すると次式のようになる．

$$\frac{\partial \psi}{\partial n} = \frac{\partial}{\partial S}\left[\frac{1}{2}(x^2 + y^2)\right] \tag{5.19}$$

この境界値問題に対応する変分方程式 (強形式) は次式のように与えられる．

$$\iint_A \left(\frac{\partial^2 \psi}{\partial x^2} + \frac{\partial^2 \psi}{\partial y^2}\right)\delta\psi\,\mathrm{d}x\,\mathrm{d}y$$
$$+ \int_C \left\{\frac{\partial \psi}{\partial n} - \frac{\partial}{\partial s}\left[\frac{1}{2}(x^2 + y^2)\right]\right\}\delta\psi\,\mathrm{d}S = 0 \tag{5.20}$$

Ludwig Prandtl の提案した薄膜相似理論 (theory of membrane analogy) は，St. Venant のねじり理論が物理的に理解し難い面があるのに比べ，直観的で理解しやすい．

棒のねじり問題で 0 でない応力成分は τ_{xz} と τ_{yz} であるから，考えるべき平衡方程式は

$$\frac{\partial \tau_{xz}}{\partial x} + \frac{\partial \tau_{yz}}{\partial y} = 0 \tag{5.21}$$

だけである．したがって，いま次のような応力関数 $F(x,y)$ を定義すれば

$$\tau_{xz} = \frac{\partial F}{\partial y}, \qquad \tau_{yz} = -\frac{\partial F}{\partial x} \tag{5.22}$$

式 (5.22) は自動的に満足される．

一方，St. Venant のねじり理論から式 (5.15) のひずみ成分が得られるが，せん断ひずみ γ_{xz}, γ_{yz} は次のひずみの適合条件式を満足しなければならない．

$$\frac{\partial \gamma_{xz}}{\partial y} - \frac{\partial \gamma_{yz}}{\partial x} = -2\theta \tag{5.23}$$

すなわち式 (5.22) を式 (5.23) に代入して

$$\triangle F = -2G\theta \tag{5.24}$$

また附帯境界条件は棒の側面上での無応力の条件から

$$\tau_{xz} \cos(n,x) + \tau_{yz} \cos(n,y) = 0$$

が得られ，

$$\cos(n,x) = \frac{\partial y}{\partial S}, \qquad \cos(n,y) = -\frac{\partial x}{\partial S}$$

より

$$F(x,y) = 0 \text{ on } C_u \tag{5.25}$$

を得る．これは棒の断面形状が同じで一定の横分布荷重 $P\,(=-2G\theta)$ を受けて変形する弾性膜のたわみ問題

$$w = -\frac{\bar{P}}{T} \qquad \left(\frac{\bar{P}}{T} = 2G\theta\right) \tag{5.26}$$

のたわみ解析の問題と同じである．これが Prandtl の薄膜相似理論のあらましである．

これにより任意断面形状の弾性棒のねじり解析は本章で述べたように従来の"変位法 (DM)" [解法 (2)] だけではなく修正 Hellinger–Reissner 法より解法 (1) から (4) の 4 つ，もし要素変位関数として自己平衡解を用いれば Trefftz 法 [解法 (5)] から解法 (8) の GM(II)(半解析解的手法) まで適用可能である．

5.3.2 棒のねじりの弾塑性解析

弾性棒をねじって，その最大せん断応力が材料のせん断応力降伏応力を越えると，そこから断面の塑性化が始まり，さらに荷重を単調に増加して行くと，塑性域は断面内に拡大し，遂に全面降伏状態に達すると最終状態 (limiting state) に達する．

この棒の弾塑性ねじりの問題は次のように定式化される．

(1) 弾性域においては，F_e を Prandtl の応力関数として

$$\text{平衡方程式} \quad F_e = -2G\theta \tag{5.27}$$

(2) 塑性域においては，たとえば von Mises の塑性条件を用いると

$$\gamma_{xz}^2 + \gamma_{yz}^2 = k^2 \quad \left(k = \frac{\tau_y}{\sqrt{3}} \right) \tag{5.28a}$$

あるいは塑性域における応力関数を $F_p(x,y)$ とすると

$$\left(\frac{\partial F_p}{\partial x} \right)^2 + \left(\frac{\partial F_p}{\partial y} \right)^2 = k^2 \tag{5.28b}$$

が得られる．これが塑性域における支配方程式でその弾塑性境界 T (荷重とともに進展し，未知である) 上では次のような応力の連続性が要求される．

$$\frac{\partial F_e}{\partial x} = \frac{\partial F_p}{\partial x}, \quad \frac{\partial F_e}{\partial y} = \frac{\partial F_p}{\partial y} \tag{5.29}$$

また当然のことながら

$$F_e(x,y) = F_p(x,y) \text{ on } \Gamma \tag{5.30}$$

が成立しなければならない．

Nadai の類推を用いると，この問題は一定の傾斜角をもった剛体の屋根を与えられた形状の枠上につくることを要求する．

次いで基底枠上に膜を張り，一定の分布荷重を単調増加的に加えていく．はじめのうちは膜はたわんでも屋根には接触しない状態にある．この状態が弾性ねじりの状態に対応する．そのまま荷重を増加していくと，膜はいくつかの点で屋根に接触する状態になる．この状態が塑性ねじりの始まりを意味する．

さらに分布荷重を増大させていくと，膜と屋根の接触領域は拡大していく．そして理論的には，全面降伏状態になってそれ以上ねじりモーメントが増大しなくなった状態が極限荷重状態ということになる．

以上の討論からメッシュ分割を相当細かくとることを覚悟して，式 (5.27) を用い，Trefftz 法で増分解析を実行することを考えると次のような実行計画が立てられよう．

(1) まず式 (5.27) を用いて弾性ねじり解析 (膜のたわみ解析) を行い，膜の傾斜

$$\frac{\partial w}{\partial n} = \left(\theta + \frac{q}{2T}x\right)l + \left(\phi + \frac{q}{2T}y\right)m = \alpha$$

(α は屋根の傾斜角) の点を膜の周辺上で探す．

(2) 次に屋根に接触した要素となった要素 ($\partial w/\partial n = \alpha vf$) を除いた膜の部分に対して第 1 の荷重増分 q_1 を加えて再び膜変形解析を行い，

$$\frac{\partial}{\partial n}(w_0 + w_1) = \alpha$$

となる要素を探し，q_1 を決定する．

(3) 以下この増分解析を繰り返して

$$\frac{\partial}{\partial n}(w_0 + w_1 \cdots + w_n) = \alpha$$

となる膜の屋根に接触する領域を決定する．

(4) このような増分解析の結果，膜が屋根に接触する領域の拡大が追跡でき，$\sum_i^n w_i$ を計算すると弾性変形領域の縮小する経過が step by step で追跡できることになる．

以上が CST 膜要素を用いた棒の弾塑性ねじり解析 (Nadai の sandhill analogy) のあらましであるが，CST 要素を用いたとしてもその屋根との接触判定はかなり煩雑なものとなろう．しかし，このような方法で棒の弾塑性ねじり解析の問題を従来の有限要素法とは異なり，簡単化された解析法 (離散化極限解析法) が確立できれば幸いである．

5.4 平面応力および平面ひずみ問題

応力やひずみの成分がある特定の座標軸,たとえば xy 平面に垂直な方向 z 軸に関してすべて 0 となり,残りの応力やひずみの成分が x, y のみの関数であるような問題を特に平面問題あるいは 2 次元問題とよんでいる.

このような場合,応力やひずみの状態は

$$\begin{bmatrix} \sigma_x & \tau_{xy} & 0 \\ \tau_{xy} & \sigma_y & 0 \\ 0 & 0 & 0 \end{bmatrix}, \quad \begin{bmatrix} \varepsilon_x & \gamma_{xy} & 0 \\ \gamma_{xy} & \varepsilon_y & 0 \\ 0 & 0 & 0 \end{bmatrix} \tag{5.31}$$

となり,左の場合を平面応力 (plane stress),右の場合を平面ひずみ (plane strain) とよんでいる.

そして 2 次元問題の平衡方程式はどちらの場合も次式で与えられる.

$$\frac{\partial \sigma_x}{\partial x} + \frac{\partial \tau_{xy}}{\partial y} + \bar{p}_x = 0 \tag{5.32a}$$

$$\frac{\partial \tau_{xy}}{\partial x} + \frac{\partial \sigma_y}{\partial y} + \bar{p}_y = 0 \tag{5.32b}$$

また応力-ひずみ関係式を

$$\sigma = D\varepsilon \quad (\sigma^{\mathsf{T}} = \lfloor \sigma_x, \sigma_y, \tau_{xy} \rfloor, \quad \varepsilon^{\mathsf{T}} = \lfloor \varepsilon_x, \varepsilon_y, \gamma_{xy} \rfloor)$$

とすれば,D はそれぞれ次式で与えられる.

$$D = \frac{E}{1-\nu} \begin{bmatrix} 1 & \nu & 0 \\ \nu & 1 & 0 \\ 0 & 0 & \frac{1-\nu}{2} \end{bmatrix} \quad \text{(平面応力場の場合)} \tag{5.33a}$$

$$D = \frac{E(1-\nu)}{(1+\nu)(1-2\nu)} \begin{bmatrix} 1 & \frac{\nu}{1-\nu} & 0 \\ \frac{\nu}{1-\nu} & 1 & 0 \\ 0 & 0 & \frac{1-2\nu}{2(1-\nu)} \end{bmatrix} \quad \text{(平面ひずみの場合)} \tag{5.33b}$$

付帯境界条件は次式のように与えられる.

$$\text{変位境界条件} \quad u - \bar{u} = 0, \quad v - \bar{v} = 0 \text{ on } S_u \quad (5.34\text{a})$$

$$\text{応力境界条件} \quad t_x - \bar{t}_x = 0, \quad t_y - \bar{t}_y = 0 \text{ on } S_\sigma \quad (5.34\text{b})$$

ここに

$$t_x = \sigma_x l + \tau_{xy} m, \qquad t_y = \tau_{xy} l + \sigma_y m, \qquad S = S_u + S_\sigma$$

である.したがって2次元応力場の境界値問題と等価な一般化された仮想仕事方程式,すなわち統一エネルギー原理の適用は次式により与えられる.

(1) 弱形式

$$\delta \iint_A (\sigma_x \varepsilon_x + \sigma_y \varepsilon_y + \tau_{xy} \gamma_{xy}) \, \mathrm{d}x \, \mathrm{d}y - \iint_A (\bar{p} \delta u + \bar{p} \delta v) \, \mathrm{d}x \, \mathrm{d}y$$
$$- \int_{C_\sigma} (\bar{t}_x \delta u + \bar{t}_y \delta v) \, \mathrm{d}S - \int_{C_u} (\bar{u} \delta t_x + \bar{v} \delta t_y) \, \mathrm{d}S = 0 \quad (5.35\text{a})$$

(2) 強形式

$$\int_{C_\sigma} [(t_x - \bar{t}_x) \delta u + (t_y - \bar{t}_y) \delta v] \, \mathrm{d}S + \int_{C_u} [(u - \bar{u}) \delta t_x + (v - \bar{v}) \delta t_y] \, \mathrm{d}S$$
$$- \iint_A \left[\left(\frac{\partial \sigma_x}{\partial x} + \frac{\partial \tau_{xy}}{\partial y} + \bar{p}_x \right) \delta u + \left(\frac{\partial \tau_{xy}}{\partial x} + \frac{\partial \sigma_y}{\partial y} + \bar{p}_y \right) \delta v \right] \mathrm{d}x \, \mathrm{d}y = 0$$
$$(5.35\text{b})$$

これらの式は平面応力,平面ひずみ問題のどちらにも通用する変分方程式であり,弾性膜の問題とまったく同様に付録の表 A.5 に示すような2次元問題に対する統一エネルギー原理から導かれる8種類の解法が得られる.

なお,2次元弾性問題の要素分割による有限要素解析については,8, 9章で計算例とともに詳細に解説されるので,ここでの記載は省略する.

6 平板の曲げ問題の定式化

6.1 は じ め に

　平面板あるいは曲面板の変形および応力解析に関する教科書や専門書は数多く出版されているが，その大部分は仮想仕事の原理を基礎として展開されており，補仮想仕事の原理にもとづいた理論はほとんど見当たらない．そこで Kirchhoff–Love[35] の仮定に従って平板および曲面板の変形理論の統一エネルギーの原理にもとづいた定式化を試み，前章同様 8 種類の解法の存在することを示す．他の 7 つの方法を含む一般化した統一エネルギー解法 (UGM) である解法 (1) から，平衡条件式を満たす変位解が存在する場合には解法 (5) である Trefftz の方法に対する変分原理が求められる．そしてこの 2 つの変分原理を用いる解法の場合，あらかじめ付帯境界条件 (変位または境界力に関する) を満足させなくても収束する上下界近似解が求められる．

　またその他の 6 つの解法は，あらかじめ何らかの付帯境界条件を満足する変位関数を仮定する方法で再び有限要素法 (変位法) による解析結果が得られる．

6.2 Kirchhoff–Love の仮定に従う薄い平板の曲げ解析

　最も標準化されている薄板の曲げ理論は「変形前薄板の中央面に垂直であった線素は，変形後も変形した中央面に垂直なまま保たれる」という仮定にもとづいて立てられる．

　板の変形前の板厚方向の中央面に一致させて (x, y) 面を，これに垂直に右手系

をなすように z 軸をとり，薄板の中の任意の点 (x,y,z) の変位の x,y,z 軸方向の成分を $u(x,y,z),v(x,y,z),w(x,y,z)$ とし，中央面内の点 $(x,y,0)$ の z 軸方向への変位成分を $w(x,y)$ と書くと，Kirchhoff–Love[35] の仮定から次式が導かれる．

6.2.1 ひずみエネルギーの定式化

(i) 平板の曲げの変位場

$$u(x,y,z) = -z\frac{\partial w}{\partial x} \tag{6.1a}$$

$$v(x,y,z) = -z\frac{\partial w}{\partial y} \tag{6.1b}$$

$$w(x,y,z) = w(x,y) \tag{6.1c}$$

(ii) ひずみ成分

$$\varepsilon_x = \frac{\partial u}{\partial x} = -z\frac{\partial^2 w}{\partial x^2}, \quad \varepsilon_y = \frac{\partial v}{\partial y} = -z\frac{\partial^2 w}{\partial y^2}, \quad \varepsilon_z = \frac{\partial w}{\partial z} = 0 \tag{6.2a}$$

$$\gamma_{xy} = \frac{\partial u}{\partial y} + \frac{\partial v}{\partial x} = -2z\frac{\partial^2 w}{\partial x\,\partial y}, \quad \gamma_{yz} = \frac{\partial v}{\partial z} + \frac{\partial w}{\partial y} = -\frac{\partial w}{\partial y} + \frac{\partial w}{\partial y} = 0 \tag{6.2b}$$

$$\gamma_{xz} = \frac{\partial w}{\partial x} + \frac{\partial u}{\partial z} = \frac{\partial w}{\partial x} - \frac{\partial w}{\partial x} = 0 \tag{6.2c}$$

(iii) 平面応力場を仮定した場合の応力成分

$$\sigma_x = \frac{E}{1-\nu^2}(\varepsilon_x + \nu\varepsilon_y) = -\frac{Ez}{1-\nu^2}\left(\frac{\partial^2 w}{\partial x^2} + \nu\frac{\partial^2 w}{\partial y^2}\right) \tag{6.3a}$$

$$\sigma_y = \frac{E}{1-\nu^2}(\nu\varepsilon_x + \varepsilon_y) = -\frac{Ez}{1-\nu^2}\left(\nu\frac{\partial^2 w}{\partial x^2} + \frac{\partial^2 w}{\partial y^2}\right) \tag{6.3b}$$

$$\tau_{xy} = G\gamma_{xy} = -2Gz\frac{\partial^2 w}{\partial x\,\partial y} = -\frac{2Ez}{1+\nu}\frac{\partial^2 w}{\partial x\,\partial y} \tag{6.3c}$$

$$\sigma_z = \tau_{xz} = \tau_{yz} = 0 \tag{6.3d}$$

(iv) 薄板に働く合力および合モーメント 　薄板の曲げ理論においては平板の厚さ h の中央面上に直角座標系を考える．そして板厚方向に積分して合力を考えると

$$X = \int_{-h/2}^{h/2} \sigma_x\,\mathrm{d}z = 0, \quad Y = \int_{-h/2}^{h/2} \sigma_y\,\mathrm{d}z = 0, \quad z = \int_{-h/2}^{h/2} \sigma_z\,\mathrm{d}z = 0 \tag{6.4}$$

つまり，板の中央面において面内合力はすべてゼロとなるが合モーメント (M_x, M_y, M_{xy}) は存在する．すなわち

$$M_x = \int_{-h/2}^{h/2} \sigma_x z \, \mathrm{d}z = -\frac{E}{1-\nu^2}\left(\frac{\partial^2 w}{\partial x^2} + \nu \frac{\partial^2 w}{\partial y^2}\right) \int_{-h/2}^{h/2} z^2 \mathrm{d}z$$

$$= -D\left(\frac{\partial^2 w}{\partial x^2} + \nu \frac{\partial^2 w}{\partial y^2}\right) \tag{6.5a}$$

$$M_y = -D\left(\nu \frac{\partial^2 w}{\partial x^2} + \frac{\partial^2 w}{\partial y^2}\right), \quad M_{xy} = D(1-\nu)\frac{\partial^2 w}{\partial x \partial y} = -M_{yx} \tag{6.5b}$$

ここに

$$D = \frac{Eh^3}{12(1-\nu^2)}$$

で，D を板の曲げ剛性という．

したがって次の断面モーメント―曲率関係式が得られる．

$$\left\{\begin{array}{c} M_x \\ M_y \\ M_{xy} \end{array}\right\} = -D \begin{bmatrix} 1 & \nu & 0 \\ \nu & 1 & 0 \\ 0 & 0 & -(1-\nu) \end{bmatrix} \left\{\begin{array}{c} \frac{\partial^2 w}{\partial x^2} \\ \frac{\partial^2 w}{\partial y^2} \\ \frac{\partial^2 w}{\partial x \partial y} \end{array}\right\} \tag{6.6}$$

符号は Timoshenko の「Plates と Shells[19]の規約」に従うことにする．

(v) 板曲げのひずみエネルギー式　　V を板曲げのひずみエネルギーとすれば次式が得られる．

$$V = -\frac{1}{2}\iint_A \left(M_x \frac{\partial^2 w}{\partial x^2} + M_y \frac{\partial^2 w}{\partial y^2} - 2M_{xy}\frac{\partial^2 w}{\partial x \partial y}\right) \mathrm{d}x \, \mathrm{d}y \tag{6.7}$$

この式に Gauss の発散定理を適用すると次式が得られる．

$$-\iint_A \left(M_x \frac{\partial^2 w}{\partial x^2} + M_y \frac{\partial^2 w}{\partial y^2} - 2M_{xy}\frac{\partial^2 w}{\partial x \partial y}\right) \mathrm{d}x \, \mathrm{d}y$$

$$= -\iint_A \left(\frac{\partial^2 M_x}{\partial x^2} + \frac{\partial^2 M_y}{\partial y^2} - 2\frac{\partial^2 M_{xy}}{\partial x \partial y}\right) w \, \mathrm{d}x \, \mathrm{d}y$$

$$- \int_C M_n \frac{\partial w}{\partial n} \mathrm{d}s + \int_C \left(Q_n - \frac{\partial M_{ns}}{\partial s}\right) w \, \mathrm{d}s \tag{6.8}$$

この式の誘導は Timoshenko の文献 [19] の p.89 の式 (b) に与えてあるので，それを参照されたい．

ここに，

$$M_n = M_x \cos^2 \alpha + M_y \sin^2 \alpha - 2M_{xy} \sin\alpha \cos\alpha \tag{6.9a}$$

$$M_{ns} = M_{xy}(\cos^2 \alpha - \sin^2 \alpha) + (M_x - M_y)\sin\alpha \cos\alpha \tag{6.9b}$$

$$Q_x = \frac{\partial M_{yx}}{\partial y} + \frac{\partial M_x}{\partial x} = -D\frac{\partial}{\partial x}(\nabla^2 w) \tag{6.10a}$$

$$Q_y = \frac{\partial M_y}{\partial y} - \frac{\partial M_{xy}}{\partial x} = -D\frac{\partial}{\partial y}(\nabla^2 w) \tag{6.10b}$$

$$Q_n = Q_x \cos\alpha + Q_y \sin\alpha \tag{6.10c}$$

また Kirchhoff の定義した境界せん断力 V_n は次式で与えられる．

$$V_n = Q_n - \frac{\partial M_{ns}}{\partial s} \tag{6.11}$$

この問題に対するポテンシャルエネルギー Π_p の表示式は次式のように与えられる．

$$\Pi_p = -\iint \frac{1}{2}\left(M_x \frac{\partial^2 w}{\partial x^2} + M_y \frac{\partial^2 w}{\partial y^2} - 2M_{xy}\frac{\partial^2 w}{\partial x \partial y}\right)dx\,dy \\ -\iint_A \bar{q}w\,dx\,dy + \int_{C_{\sigma 1}} \bar{M}_n \frac{\partial w}{\partial n}ds - \int_{C_{\sigma 0}} \bar{V}_n w\,ds \tag{6.12}$$

ここに，

$$C_\sigma = C_{\sigma 0} + C_{\sigma 1}, \qquad V_n = Q_n - \frac{\partial M_{ns}}{\partial s}$$

ただし，$C_{\sigma 0}$ はせん断力規定境界，$C_{\sigma 1}$ はモーメント規定境界である．したがって全エネルギー Π_t は次式のように与えられる．

$$\Pi_t = \iint_A \left\{(\nabla^2 w)^2 + 2(1-\nu)\left[\left(\frac{\partial^2 w}{\partial x \partial y}\right)^2 - \left(\frac{\partial^2 w}{\partial x^2}\right)\left(\frac{\partial^2 w}{\partial y^2}\right)\right]\right\}dx\,dy \\ -\iint_A \bar{q}w\,dx\,dy + \int_{C_{\sigma 1}} \bar{M}_n \frac{\partial w}{\partial n}ds - \int_{C_{\sigma 0}} \bar{V}_n w\,ds \\ +\int_{C_{u1}} M_n \frac{\partial \bar{w}}{\partial n}ds - \int_{C_{u0}} V_n \bar{w}\,ds \tag{6.13}$$

ここに C_{u0} は変位規定境界，C_{u1} は傾斜角規定境界を表す[*1]．

[*1] （編者注）式 (6.13) は Timoshenko の薄板曲げ理論に従う場合の統一エネルギー原理の汎関数を示している．しかし，6.2.2 項では座標系や符号の表記を変えている．

6.2.2 板曲げ問題における全エネルギー Π_t の表示式

以下に板曲げの強形式の変分方程式の定式化を行う．ただし，座標系の考え方などは図 6.1a および図 6.1b に従うため，符号などは一部 6.2.1 項と異なっていることに注意を要する．

はじめに前提について以下に記す．平衡方程式は

$$D \triangle \triangle w(x,y) - \bar{q}(x,y) = 0$$

境界条件は以下のとおり (図 6.1)

変位境界条件　　　$w = \bar{w}, \quad \dfrac{\partial w}{\partial n} = \dfrac{\partial \bar{w}}{\partial n}$ on C_w

応力境界条件　　　$M_n = \bar{M}_n, \quad V_n = \bar{V}_n$ on C_m

ここで，n は

$$\boldsymbol{n} = (l, m), \qquad C = C_w + C_m$$

C_w は変位境界 (C_{w0} と C_{w1} から成る)，C_m は応力境界 (C_{m0} と C_{m1} から成る)．C_{w0} は w の規定境界，C_{w1} は $\partial w/\partial n$ の規定境界，C_{m0} は V_n の規定境界，C_{m1} は M_n の規定境界である．

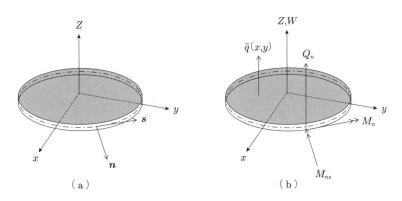

図 6.1　板曲げ問題．(a) 板曲げ解析に使う座標系，(b) 板曲げの曲げモーメント，せん断力，および分布荷重．

また，おのおの以下のようにする．

$$M_x = -D\left(\frac{\partial^2 w}{\partial x^2} + \nu\frac{\partial^2 w}{\partial y^2}\right)$$

$$M_y = -D\left(\nu\frac{\partial^2 w}{\partial x^2} + \frac{\partial^2 w}{\partial y^2}\right)$$

$$M_{xy} = -D(1-\nu)\frac{\partial^2 w}{\partial x\,\partial y} = M_{yx}$$

$$M_n = M_x l^2 + M_y m^2 + 2M_{xy} lm$$

$$M_{ns} = M_{xy}(l^2 - m^2) + (M_x - M_y)lm$$

$$Q_x = -D\frac{\partial}{\partial x}(\nabla^2 w), \qquad Q_y = -D\frac{\partial}{\partial y}(\nabla^2 w)$$

$$Q_n = Q_x l + Q_y m, \qquad V_n = Q_n + \frac{\partial M_{ns}}{\partial s}$$

$$\Pi_t(w) = -\iint_A \left(M_x\frac{\partial^2 w}{\partial x^2} + M_y\frac{\partial^2 w}{\partial y^2} + 2M_{xy}\frac{\partial^2 w}{\partial x\partial y}\right) \mathrm{d}x\,\mathrm{d}y$$

$$-\iint_A \bar{q}w\,\mathrm{d}x\,\mathrm{d}y + \int_{C_{m1}} \bar{M}_n\frac{\partial w}{\partial n}\mathrm{d}s - \int_{C_{m0}} \bar{V}_n\,w\,\mathrm{d}s$$

$$+\int_{C_{m1}} M_n\frac{\partial \bar{w}}{\partial n}\mathrm{d}s - \int_{C_{m0}} V_n\,\bar{w}\,\mathrm{d}s \qquad (6.14)$$

上式の右辺の 1 番目の積分は

$$-\iint_A \left(M_x\frac{\partial^2 w}{\partial x^2} + M_y\frac{\partial^2 w}{\partial y^2} + 2M_{xy}\frac{\partial^2 w}{\partial x\,\partial y}\right)\mathrm{d}x\,\mathrm{d}y$$

$$= -\iint_A \left(\frac{\partial^2 M_x}{\partial x^2} + \frac{\partial^2 M_y}{\partial y^2} + 2\frac{\partial^2 M_{xy}}{\partial x\partial y}\right)\mathrm{d}x\,\mathrm{d}y$$

$$-\int_C M_n\frac{\partial w}{\partial n}\mathrm{d}s + \int_C V_n\,w\,\mathrm{d}s \qquad (6.15)$$

になる．この式を式 (6.14) に代入すると

$$\Pi_t(w) = -\iint_A \left(\frac{\partial^2 M_x}{\partial x^2} + \frac{\partial^2 M_y}{\partial y^2} + 2\frac{\partial^2 M_{xy}}{\partial x\partial y}\right)w\,\mathrm{d}x\,\mathrm{d}y$$

$$-\int_C M_n\frac{\partial w}{\partial n}\mathrm{d}s + \int_C V_n\,w\,\mathrm{d}s - \iint_A \bar{q}\,w\,\mathrm{d}s + \int_{C_{m1}} \bar{M}_n\frac{\partial w}{\partial n}\mathrm{d}s$$

$$+\int_{C_{w1}} M_n\frac{\partial \bar{w}}{\partial n}\mathrm{d}s - \int_{C_{m0}} \bar{V}_n\,w\,\mathrm{d}s - \int_{C_{w0}} V_n\,\bar{w}\,\mathrm{d}s \qquad (6.16)$$

6.2 Kirchhoff–Love の仮定に従う薄い平板の曲げ解析

次に以下の強形式を求める.

$$\delta \Pi_t(w) = 0, \qquad \delta^2 \Pi_t(w) \geq 0 \qquad (w \text{ に関して})$$

つまり第 1 変分を 0 と置くと次のようになる.

$$\begin{aligned}
\delta \Pi_t = &-\iint_D \left(\frac{\partial^2 M_x}{\partial x^2} + \frac{\partial^2 M_y}{\partial y^2} + 2\frac{\partial^2 M_{xy}}{\partial x \partial y} \right) \delta w \, \mathrm{d}x \, \mathrm{d}y \\
&- \iint_D w\, \delta \left(\frac{\partial^2 M_x}{\partial x^2} + \frac{\partial^2 M_y}{\partial y^2} + 2\frac{\partial^2 M_{xy}}{\partial x \partial y} \right) \mathrm{d}x \, \mathrm{d}y - \int_C M_n \frac{\partial \delta w}{\partial n} \mathrm{d}s \\
&- \int_C \frac{\partial w}{\partial n} \delta M_n \, \mathrm{d}s + \int_C V_n \, \delta w \, \mathrm{d}s + \int_C w \, \delta V_n \, \mathrm{d}s - \iint_D \bar{q} \, \delta w \, \mathrm{d}s \\
&+ \int_{C_{m1}} \bar{M}_n \frac{\partial \delta w}{\partial n} \mathrm{d}s + \int_{C_{w1}} \frac{\partial \bar{w}}{\partial n} \delta M_n \, \mathrm{d}s \\
&- \int_{C_{m0}} \bar{V}_n \, \delta w \, \mathrm{d}s - \int_{C_{w0}} \bar{w}\, \delta V_n \, \mathrm{d}s = 0 \qquad (6.17)
\end{aligned}$$

上式の右辺第 2 項の積分はすでに述べたように固体力学問題では削除できる. さらに整理すると下のようになる.

$$\begin{aligned}
&\int_{C_{m0}} (V_n - \bar{V}_n)\, \delta w\, \mathrm{d}s + \int_{C_{w0}} (w - \bar{w})\, \delta V_n\, \mathrm{d}s \\
&\quad - \int_{C_{m1}} (M_n - \bar{M}_n) \frac{\partial \delta w}{\partial n} \mathrm{d}s - \int_{C_{w1}} \left(\frac{\partial w}{\partial n} - \frac{\partial \bar{w}}{\partial n} \right) \delta M_n \, \mathrm{d}s \\
&\quad - \iint_D \left(\frac{\partial^2 M_x}{\partial x^2} + \frac{\partial^2 M_y}{\partial y^2} + 2\frac{\partial^2 M_{xy}}{\partial x \partial y} + \bar{q} \right) \delta w \, \mathrm{d}x \, \mathrm{d}y = 0 \qquad (6.18)
\end{aligned}$$

式 (6.18) は統合された一般化解法 [解法 (1)] で薄板の曲げ解析に関し最も基本となる変分原理であり, これより 8 種類の変分原理が派生する (付録の表 A.7). そのなかで自己平衡解 ($\triangle \triangle w = 0$ の解すなわち重調和関数) を用いる場合の変分原理は Trefftz の方法 [解法 (5)] であり, 解法 (1) とともに有限要素解析であっても要素間境界上での状態ベクトルの連続性があらかじめ要求されないので, 新しい有力な無節点解法を構成する.

上に述べた要素の自己平衡解変位関数の求め方について若干説明する. まず平板のたわみの解 w をその特解 w_p と斉次方程式の一般解 w_g の和で表す. すなわち

6 平板の曲げ問題の定式化

$$\triangle\triangle w = f, \qquad f = \frac{\bar{q}}{D} \tag{6.19a}$$

$$w = w_p + w_g \tag{6.19b}$$

$$\triangle\triangle w_p = f, \qquad \triangle\triangle w_g = 0 \tag{6.19c}$$

w_p は要素特解であり，たとえば $f = $ 一定 ならば

$$w_p = \frac{f}{56}(x^2 + y^2)^2$$

で与えられる．また $w_g(x, y)$ は重調和方程式 $\triangle\triangle w_g = 0$ の一般解であるから，Goursat の応力関数を用いると次式のように与えられる．

$$w_g(x, y) = \text{Re}[\bar{z}\varphi(z) + \chi(z)] \tag{6.20a}$$

平板の定義域が単連結領域の場合には $\varphi(z), \chi(z)$ は次のような Taylor 級数で与えられる．

$$\varphi(z) = \sum_{n=0}^{\infty} A_n z^n, \quad \chi(z) = \sum_{n=0}^{\infty} B_n z^n, \quad A_n = a_n + \mathrm{i}b_n, \quad B_n = c_n + \mathrm{i}d_n \tag{6.20b}$$

ここに

$$z = x + \mathrm{i}y, \qquad \bar{z} = x - \mathrm{i}y$$

である．

また，2 次元弾性論における Airy の応力関数 $F(x, y)$ と平板の曲げ問題におけるたわみ関数 $w(x, y)$ との相似性から以下のような諸公式が導かれる．

$$M_x + M_y = -4(1+\nu)\,\text{Re}\,\varphi(z) \tag{6.21a}$$

$$M_x - M_y - 2\mathrm{i}M_{xy} = -2(1-\nu)[\bar{z}\varphi''(z) + \chi''(z)] \tag{6.21b}$$

$$D\left(\frac{\partial w}{\partial x} - \mathrm{i}\frac{\partial w}{\partial y}\right) = \bar{z}\varphi'(z) + \chi'(z) + \bar{\varphi}(\bar{z}) \tag{6.21c}$$

$$M_x = -2(1+\nu)\,\text{Re}[\varphi'(z)] - (1-\nu)\,\text{Re}[\bar{z}\varphi''(z) + \chi''(z)] \tag{6.21d}$$

$$M_y = -2(1+\nu)\,\text{Re}[\varphi'(z)] - (1-\nu)\,\text{Re}[\bar{z}\varphi''(z) + \chi''(z)] \tag{6.21e}$$

$$M_{xy} = (1-\nu)\,\text{Im}[\bar{z}\varphi''(z) + \chi''(z)] \tag{6.21f}$$

式 (6.20b) を用いた $w(x,y)$ の自己平衡解を x,y の有限多項式の形で導き，式 (6.21) に代入して式 (6.18) の最終項を除いた部分に代入すれば，各要素ごとに隣接要素間で満足すべき状態ベクトルの連続条件式が求められる．この方程式は互いに独立であり，従来の有限要素解析のように全体のマトリックスを組み上げてからでないと解けない状態とはまったく異なり，大規模計算方法の課題にも重要な話題を提供すると思われる．

6.2.3 Trefftz 法による平板のたわみの Green 関数の半解析的解法

まず任意形状で任意の支持条件における平板のたわみの Green 関数を半解析的に求める方法を考える．膜のたわみ解析のときに述べた手法の拡張応用である．

任意形状の平板のたわみにおいて，平板の境界辺が $f(z)$ の形で規定され，周辺上で境界条件が変位型または境界力型のいずれかの Green 関数 $G(z,\zeta)$ で規定されているとする．求める平板の Green 関数を $G(z,\zeta)$ とする．

$\zeta = \zeta + i\eta$ は $P=1$ の集中荷重が加えられる点で，たわみや応力を考える点 $z = x + iy$ を影響点 (influence point) とよぶ．

(1) まず集中荷重 P を点 $\zeta = \zeta + i\eta$ で受ける平板の特解 $w_p(z,\zeta)$ は次式で与えられることが薄板の曲げ理論からわかっている．

$$w_p(z,\zeta) = \frac{P}{8\pi D} \mathrm{Re}[(\bar{z}-\bar{\zeta})(z-\zeta)\log(z-\zeta)] \tag{6.22}$$

(2) 平板の曲げの斉次方程式の一般解 $w_g(z_1)$ は

$$w_g(x,y) = \mathrm{Re}[\bar{z}\varphi(z) + \chi(z)] \tag{6.23}$$

のように Goursat の応力関数を用いて与えることができる．

いま平板の形状が単連結領域でその中で w_g は正則であると仮定できる場合には，$\varphi(z), \chi(z)$ はそれぞれ z の Taylor 級数で表すことができる．すなわち

$$\varphi(z) = \sum_{n=0}^{\infty} A_n z^n, \qquad \chi(z) = \sum_{n=0}^{\infty} B_n z^n \tag{6.24}$$

ここに $A_n = a_n + \mathrm{i}b_n, B_n = c_n + \mathrm{i}d_n$ である．したがって求める式は

$$G(z,\zeta) = \mathrm{Re}\left[\frac{P}{8\pi D}(\bar{z}-\bar{\zeta})(z-\zeta)\log(z-\zeta) + \bar{z}\varphi(z) + \chi(z)\right] \tag{6.25}$$

で与えられる．

$G(z, \zeta)$ の解を次の式 (6.14) から導かれる次の変分方程式

$$\oint_C \left\{ \left[(M_n - \bar{M}_n) \delta \left(\frac{\partial w}{\partial n} \text{ or } \overline{\frac{\partial w}{\partial n}} \right) \delta M_n \right] + [(V_n - \bar{V}_n) \delta w - \text{ or } (w - \bar{w}) \delta V] \right\} \mathrm{d}s = 0 \qquad (6.26)$$

の周回複素積分を行って未定係数 $A_n = a_n + \mathrm{i}b_n, B_n = c_u + \mathrm{i}d_n$ を数値的に決定すればよいことになる．

この方法は 2 次元応力場解析のために，等角写像を使って定義領域を単位円に写像して解析的に解くという Muschevisvilli の有名な方法に対応して考えた半解析的 (semi-analytical solution)，ないしは計算機支援解析 (computer-aided analysis) ともよぶべき解法で式 (6.26) の [ ] 内の項で or とあるのはそのどちらかの境界周回積分を実行することを意味している．この方法の妥当性はたとえば厳密解のわかっている周辺固定の円形板に対するたわみの Green 関数が正しく求められることで立証されると思われる．

6.3 平板の曲げ問題に対する有限要素解析

前節において平板の曲げ問題に対する統一エネルギー原理にもとづく解法を説明し，付録の表 A.3 に Rayleigh–Ritz の方法，つまり要素分割法 (domain decomposition method) を用いない場合の解法の基礎となる変分原理を導き，その原理から 8 種類の異った解法，すなわち表 6.1 が得られることを説明した．

本節ではこの原理を用いた有限要素解析について説明する．有限要素解析の場合はメッシュ分割された各要素に対して付録の表 A.7 が適用されるわけであるが，その場合，外部境界に含まない内部境界要素が大部分であり，その場合適用すべき変分原理の式を書き換える必要がある．内部境界要素に対する変分方程式は平面応力場解析の場合に述べた様に隣接要素と境界辺上で状態ベクトルの連続性，すなわち

6.3 平板の曲げ問題に対する有限要素解析

$$w_k = w_l \tag{6.27a}$$

$$\left(\frac{\partial w}{\partial n}\right)_k = \left(\frac{\partial w}{\partial n}\right)_l \tag{6.27b}$$

$$(M_n)_k = (M_n)_l \tag{6.27c}$$

$$(V_n)_k = (V_n)_l \tag{6.27d}$$

が満足されなければならないのである．この連続条件のために付録の表 A.7 は同じく付録の表 A.8 のように書き換えられるのである．

そこでまず平板の曲げ問題における 3 次の多項式解について考察する．平板の曲げ問題の基礎方程式は次式のように与えられる．

$$D \triangle \triangle w(x, y) = \bar{q}(x, y) \tag{6.28}$$

この一般解は次のように与えられる．

$$w(x, y) = \sum_{n=1}^{\infty} w_n(x, y) + w_p(x, y) \tag{6.29}$$

ここに

$$D \triangle \triangle w_p = \bar{q}, \qquad \triangle \triangle w_n = 0 \tag{6.30}$$

で与えられる．

$$\begin{aligned}
w_0&(x, y) + w_1(x, y) + w_2(x, y) + w_3(x, y) \\
&= a_1 + (a_2 x + a_3 y) + (a_4 x^2 + a_5 xy + a_6 y^2) \\
&\quad + (a_7 x^3 + a_8 x^2 y + a_9 xy^2 + a_{10} y^3)
\end{aligned} \tag{6.31}$$

であり，x, y に関する完全 3 次多項式は $\triangle \triangle w = 0$ を満足する．

いま

$$w_g(x, y) = \sum_{n=0}^{3} w_n(x, y) \tag{6.32}$$

とおくと

$$\left.\begin{aligned}
\theta &= \frac{\partial w_g}{\partial x} = a_2 + 2a_4 x + a_5 y + 3a_7 x^2 + 2a_8 xy + a_9 y^2 \\
\phi &= \frac{\partial w_g}{\partial y} = a_3 + a_5 x + 2a_6 y + a_3 x^2 + 2a_9 xy + 3a_{10} y^2
\end{aligned}\right\} \tag{6.33a}$$

$$\left.\begin{aligned}
M_x &= -D\left(\frac{\partial^2 w}{\partial x^2} + \nu\frac{\partial^2 w}{\partial y^2}\right) \\
&= -D[2(a_4 + \nu a_6) + (6a_7 + 2\nu a_9)x + (2a_8 + 6\nu a_{10})y] \\
M_y &= -D\left(\nu\frac{\partial^2 w}{\partial x^2} + \frac{\partial^2 w}{\partial y^2}\right) \\
&= -D[2(\nu a_4 + a_6) + (6\nu a_7 + 2a_9)x + (2\nu a_8 + 6a_{10}y)] \\
M_{xy} &= -D(1-\nu)\frac{\partial^2 w}{\partial x \partial y} = -D(1-\nu)(a_5 + 2a_8 x + 2a_9 y)
\end{aligned}\right\} \quad (6.33\mathrm{b})$$

$$\left.\begin{aligned}
V_x &= -D\left(\frac{\partial^3 w}{\partial x^3} + (2-\nu)\frac{\partial^3 w}{\partial x \partial y^2}\right) \\
&= -D[6a_7 + 2(2-\nu) + 2a_9] = -D[6a_7 + 2(2-\nu)a_9] \\
V_y &= -D\left((2-\nu)\frac{\partial^3 w}{\partial x^2 \partial y} + \frac{\partial^3 w}{\partial y^3}\right) = -D[2(2-\nu)a_8 + 6a_{10}]
\end{aligned}\right\} \quad (6.33\mathrm{c})$$

のような結果が得られる．そこで要素座標原点における値を下付の添字 0 で表現すれば x, y の完全 2 次多項式までとった場合

$$a_1 = w_0, \quad a_2 = \theta_0, \quad a_3 = \phi_0 \quad (6.34\mathrm{a})$$

$$M_{x0} = -2D(a_4 + \nu a_6) \quad (6.34\mathrm{b})$$

$$M_{y0} = -2D(\nu a_4 + a_6) \quad (6.34\mathrm{c})$$

$$M_{xy0} = -D(1-\nu)a_5 \quad (6.34\mathrm{d})$$

の関係式が得られる．したがって $w(x,y)$ の完全 2 次多項式は次式のように表される．

$$\tilde{w}_2(x,y) = w_0 + \theta_0 x + \phi_0 y - \frac{M_{x0}}{2D(1-\nu^2)}(x^2 - \nu y^2) \\
+ \frac{M_{y0}}{2D(1-\nu^2)}(\nu x^2 - y^2) - \frac{M_{xy0}}{D(1-\nu)}xy \quad (6.35)$$

この解は 3 章で述べた変位関数の Maclaurin 級数の第 2 次項までを表していることは明らかであり，原点 0 における要素状態ベクトル $(w_0, \theta_0, \phi_0, M_{x0}, M_{y0}, M_{xy0})$ を表している．したがって平板の曲げ有限要素の変位関数は一般に次式のように表される．

$$w(x,y) = \tilde{w}_2(x,y) + \sum_{k=3}^{n} w_k(x,y) \quad (6.36)$$

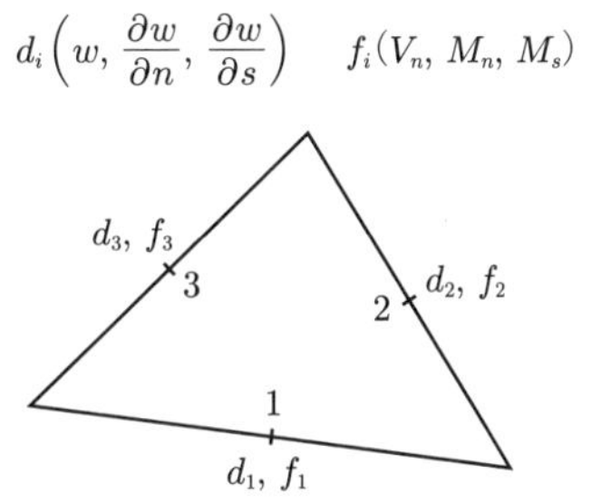

6.3 平板の曲げ問題に対する有限要素解析

図 6.2 三角形要素での変位ベクトルと境界力ベクトル

ここで $w_k(x,y)$ は $\triangle\triangle w = 0$ の 3 次以上の重調和関数 (biharmonic function) を表している．ただし，この式は線形弾性問題の場合にのみ適用できる式であり，一般の非線形問題の増分解析においては各増分載荷過程において平衡方程式を導き，級数展開法で近似平衡解を導出することになるが，このような非線形問題の解析については本書の目標を越えた課題であり，改めて将来考えるべき課題である．

さて，以上に導いた変位関数は平衡条件式を満足する平板のたわみ関数の式であり，解法 (5) の Trefftz 法による解析である．また $w_k(x,y)$ を一般の x,y に関する 3 次，4 次の多項式にとる解法は解法 (1) で他の 7 つの解法を全部含んだ解法であり，実用的であるがその近似解は上界解 (upper bound solution) が主流となる．これに対して Trefftz 法の場合は常に下界界 (lower bound solution) が主流となる．これに対して Trefftz 法の場合は常に下界解 (lower bound solution) が求められることを強調しておきたい．

また解法 (1) または (5) に従う場合にはたびたび繰返し述べているようにあらかじめ要素境界辺上で状態ベクトル $(w, \theta, \phi, M_x, M_y, V)$ の連続性を満足させる必要がない．

したがって要素形状もまったく任意の n 辺多角形を考えることも可能である．

さて，いま述べた解法 (1) および (5) を除いた他の 5 つの解法の場合は現状の有限要素法と同様境界辺上に設けられたいくつかの節点 (node) で変位および境界力の連続性をあらかじめ満足するように設定する必要がある．たとえば三角形または四角形要素の場合各境界辺上の中点を節点とし，図 6.2 のように，各節点で変位ベクトル $d(w, \partial w/\partial n, \partial w/\partial s)$，境界力ベクトル $f(V_n, M_n, M_s)$ を考えると

$$M_n = -D\left(\frac{\partial^2 w}{\partial n^2} + \nu\frac{\partial^2 w}{\partial s^2}\right), \qquad M_s = -D\left(\frac{\partial^2 w}{\partial s^2} + \nu\frac{\partial^2 w}{\partial n^2}\right) \qquad (6.37\text{a})$$

$$V_n = -D\left(\frac{\partial^3 w}{\partial n^3} + (2-\nu)\frac{\partial^3 w}{\partial n \partial s^2}\right) \qquad (6.37\text{b})$$

で与えられる．

ところで式 (6.36) で与えられる $w_k(x, y)$ $(k = 3, 4, 5, \cdots)$ は一般に 4 つの互いに独立な K 次重調和関数で一般に 4 つの独立な多項式で与えられる．

以上のようにして平板のたわみ関数の自己平衡解，非自己平衡解を組織的に組み立てる方法がわかったので，板曲げ問題の有限要素解析において最も多く使われている三角形，四角形要素の構成法について検討してみよう．まず要素変位関数のうちの 2 次多項式は式 (6.35) をそのまま使用することにする．その理由は (w_0, θ_0, ϕ_0) は要素座標原点の剛体変位ベクトル $(M_{x0}, M_{y0}, M_{xy0})$ は分布している一定曲げモーメントベクトルであり，はりの曲げ要素との対応を考えれば明らかなように要素座標原点における状態ベクトル (state vector) を表しており，明らかに板曲げ問題に対する定ひずみ要素 (constant strain element) の性格を示している．そこでこの原点における状態ベクトルは独立変数にとり要素境界上に有限個の節点をもった新しい混合要素の開発を考える．

いま，各境界辺上の中点を代表点とする三角形および四角形要素を考えよう．各節点で要素境界辺への外向きの単位法線を n とし，境界辺を反時計回り方向を sk とすれば，紙面に垂直上向きの方向を b とすれば (n, s, b) は右手系の流動座標系を構成することになる．さて，このような三角形四角形要素の各辺上の節点における状態ベクトル S とすれば

$$\bm{S}^\mathsf{T} = \lfloor \bm{d}, \bm{f} \rfloor \qquad (6.38\text{a})$$

ここに

$$\bm{d}^\mathsf{T} = \left\lfloor w, \frac{\partial w}{\partial \bm{n}}, \frac{\partial w}{\partial \bm{s}} \right\rfloor, \qquad \bm{f}^\mathsf{T} = \lfloor \bm{V}, \bm{M}_n, \bm{M}_s \rfloor \qquad (6.38\text{b})$$

前にも述べたようにメッシュ分割された有限要素群のうち，大部分は内部要素 (inner element) であり，要素境界辺上では状態ベクトル S の連続性をあらかじめ満たしておくことが望ましい．ところが現状の有限要素法は変位法であるが，変位ベクトル d が連続である適合要素 (compatible model) の開発は困難であると

して混合要素の開発がその主流となっている．筆者の考えでは各境界辺上で状態ベクトル，すなわち変位ベクトル d も節点力ベクトル f も連続であるような要素の開発が理想的であると考え，これを整合要素 (consistent element) とよぶことにすると，この要素は各要素境界上の節点で状態ベクトル S の 6 成分が全部連続であるような究極の要素も考えており，その展開は煩雑にはなるが不可能ではない．さて適合要素はこの整合要素に比べると節点変位ベクトル d の連続性のみが要求されるわけで，後者のそれに比較すればだいぶ展開が簡単であり，現状の有限要素法にとってはその開発は有益であろう．また d のかわりに節点力ベクトル S の連続性をあらかじめ要求する要素は応力，あるいは平衡要素 (FM または EM) である．しかし，整合要素を開発すれば EM も DM も包含することになるので，ここではその開発を中心に検討を進めることにする．

さて整合要素の状態ベクトル成分 S は

$$S^\mathsf{T} = \left\lfloor w, \frac{\partial w}{\partial n}, \frac{\partial w}{\partial s}, V_n, M_n, M_s \right\rfloor \tag{6.39}$$

の 6 成分からなる．ここに

$$\frac{\partial w}{\partial n} = \frac{\partial w}{\partial x}\frac{\partial x}{\partial n} + \frac{\partial w}{\partial n}\frac{\partial y}{\partial n} = \frac{\partial w}{\partial x}l + \frac{\partial w}{\partial y}m$$

$$\frac{\partial w}{\partial s} = \frac{\partial w}{\partial x}\frac{\partial x}{\partial s} + \frac{\partial w}{\partial y}\frac{\partial y}{\partial s} = -\frac{\partial w}{\partial x}m + \frac{\partial w}{\partial y}l$$

$$V_n = -D\left[\frac{\partial^3 w}{\partial n^3} + (2-\nu)\frac{\partial^3 dw}{\partial n \partial s^2}\right]$$

$$M_n = -D\left(\frac{\partial^2 w}{\partial n^2} + \nu\frac{\partial^2 w}{\partial s^2}\right)$$

$$M_s = -D\left(\nu\frac{\partial^2 w}{\partial n^2} + \frac{\partial^2 w}{\partial s^2}\right)$$

で与えられる．ここに $n=(l,m), s=(-m,l)$, (n,s) は各境界辺の中点に設定された流動座標系である．記号および符号は Timoshenko の文献 [19] に準拠する．

さて，n 次自己平衡要素変位関数の全自由度 (NDOF) は

$$\text{NDOF} = 6 + 4(n-2) \tag{6.40}$$

で与えられる．ここに 6 は x, y の完全 2 次多項式の自由度であり，n は変位関数の次数で 1 次ずつ増えるごとに自己平衡変位関数の自由度は 4 つずつ増えることを意味している．

表 6.1 平板曲げ要素に使用される変位関数 $w(x,y)$ (多項式表示) (各欄の $/n4, n8, n9, \cdots$ は要素境界辺への分配可能自由度を示す)

多項式の次数	非自己平衡変位関数	自己平衡変位関数
1	3	3
2	6	6
3	$10/n4$	$10/n4$
4	$15/n9$	$14/n8$
5	$21/n15$	$18/n12$
6	$28/n22$	$22/n16$
7	$36/n30$	$26/n20$
8	$45/n39$	$30/n24$
9	$55/n49$	$34/n28$
10	$65/n59$	$38/n32$

自己平衡,非自己平衡と NDOF の関係は次のようになる.

(1) 非自己平板のたわみ関数の $\text{NDOF} = 1+2+3+4+5+\cdots = \frac{1}{2}(n+1)(n+2)$
(2) 自己平衡平板のたわみ関数の $\text{NDOF} = 6+4(n-2)$ $(n \geq 2)$

これらの式を用いて計算された n 次のたわみ関数 $w(x,y)$ の総自由度数と要素座標原点に導入される状態ベクトル $(w_0, \theta_0, \phi_0, M_{x0}, M_{y0}, M_{xy0})$ を除いた残りの自由度数を各欄の上の隅に小さく表記すると表 6.1 が得られる.

この表の使い方を説明するため,たとえば $w(x,y)$ を x,y の完全3次多項式で表した場合,完全2次多項式までの項は $w_0, \theta_0, \phi_0, M_{x0}, M_{y0}, M_{xy0}$ を係数とする部分を表しており,残りの 4 つの 3 次の項 $a_7 x^3, a_8 x^2 y, a_9 xy^2, a_{10} y^3$ が要素境界辺上の状態ベクトル成分に分配できることを示している.したがって四角形要素の場合,たとえば各辺の中点のたわみ成分 w_i $(i=1,2,3,4)$ に配分できるが,3角形要素の場合自由度を 1 つ減らす必要があるから変形の対象性を考えて,$a_8 = a_9$ として $a_8 xy(x+y)$ とすればよいことになる.このようにとると,各要素境界辺上の中点の w_i $(i=1,2,3$ または $1,2,3,4)$ と座標原点の状態ベクトル $(w_0, \theta_0, \phi_0, M_{x0}, M_{y0}, M_{xy0})$ を節点変位とする新しい三角形または四角形平板の曲げ要素 $(\text{NDOF}=10)$ を開発できるのである.

一般に各境界辺上の中心を節点にとった場合,節点状態ベクトルは $w, \partial w/\partial n$, $\partial w/\partial s, V_n, M_n, M_s$ の 6 成分から成る.したがって DM 要素だけ考えても各辺上の節点 w_i だけをとった要素をはじめとして各辺上の状態ベクトル成分を全部包

含した要素まで構成することができ，その総自由度数は $6+6\times 3=24$ (三角形要素の場合)，$6+6\times 4=30$ (四角形要素の場合) というような高精度の板曲げ要素の開発も可能である．また各辺の中点の状態ベクトルを全部とらずに，w_i と M_{ni} [三角形要素の場合 $(i=1,2,3)$]，四角形要素の場合 $2\times 3+6=12$，四角形要素の場合 $2\times 4+6=14$ となる．この要素は L. R. Herrmann により提案された混合モデルで若干精度を高めた実用モデルになっているものと思われる．

また適合モデルの例について述べると各境界辺上の中点で節点変位ベクトル $(w_i,(\partial w/\partial n)_i)$ を考えた要素であり，三角形要素，四角形要素の自由度数はそれぞれ先に述べた Herrmann のモデルと同様である．この要素の適合性収束性の検討は今後の課題であるが，著者はその収束性は実証できるものと思っている．

6.4 せん断変形の影響を考慮した平板の曲げ

6.4.1 薄板の変形理論

薄板の変形を取り扱うにはその中央面上の一点を原点とし，面内に x,y 軸，それに垂直な方向に z 軸をとる右手座標系を考えその変位ベクトル $u(x,y,z)$ を考える．そして z の変域が (x,y) の変域に比較して小さいので $u(x,y,z)$ を z 方向に次のように Taylor 展開する．

$$U(x,y,z)=u(x,y)+u_1(x,y)z+u_2(x,y)z^2+\cdots \tag{6.41a}$$

$$V(x,y,z)=v(x,y)+v_1(x,y)z+v_2(x,y)z^2+\cdots \tag{6.41b}$$

$$W(x,y,z)=w(x,y)+w_1(x,y)z+\cdots \tag{6.41c}$$

したがって，板の変形を考える場合幾何学的考察からは次の 2 種類の式を考えるのが自然であると思われる．

(1) 面内変形

$$U(x,y,z)=u(x,y)+z^2 u_2(x,y)z+\cdots \tag{6.42a}$$

$$V(x,y,z)=v(x,y)+zv_2(x,y)+\cdots \tag{6.42b}$$

$$W(x,y,z)=0 \tag{6.42c}$$

(2) 面外変形

$$U(x,y,z) = zu_1(x,y) + z^3 u_3(x,y) + \cdots \quad (6.43a)$$

$$V(x,y,z) = zv_1(x,y) + z^3 v_3(x,y) + \cdots \quad (6.43b)$$

$$W(x,y,z) = w(x,y) \quad (6.43c)$$

Reissner–Mindlin[36, 37]の薄板の曲げ理論は式 (6.43) の初項のみをとって展開された理論である．

6.5　Reissner–Mindlin の薄板の曲げ

薄板の曲げ理論はその中央面上の一点を原点とし板厚方向の変域 z が (x,y) のそれに比し小さいとし，変位関数を z 方向に展開し，U, V については z の 1 次 W に関しては 0 次の項を残して

$$U(x,y,z) = u(x,y) + zu_1(x,y) \quad (6.44a)$$

$$V(x,y,z) = v(x,y) + zv_1(x,y) \quad (6.44b)$$

$$W(x,y,z) = w(x,y) \quad (6.44c)$$

のように仮定するのが普通である[*2]．

そして，さらに σ_z を計算すると次式が得られる．

$$\sigma_z = \frac{E}{(1+\nu)(1-2\nu)}[\nu(\varepsilon_x + \varepsilon_y) + (1-\nu)\varepsilon_z] \simeq 0$$

より導かれる

$$\varepsilon_z = \frac{\partial w}{\partial z} = -\frac{\nu}{1-\nu}(\varepsilon_x + \varepsilon_y) \quad (6.45)$$

なる関係式を積分して得られる平板のたわみ関数

$$W(x,y,z) = w(x,y) - \frac{\nu}{1-\nu}\left[z\left(\frac{\partial u}{\partial x} + \frac{\partial v}{\partial y}\right) + z^2\left(\frac{\partial u_1}{\partial x} + \frac{\partial v_1}{\partial y}\right)\right] \quad (6.46)$$

---

*2　(編者注) ここではたわみの微分とは独立に定義される法線ベクトルの回転を u_1, v_1 と表している．

が得られる.しかしながら式 (6.46) の第 2 項は z に関して高次の微小量であるとして無視すれば Reissner–Mindlin の提唱したせん断変形 (r_{xz}, r_{yz}) の影響を考慮に入れた板曲げ理論の変位関数が次式のように求められる.

$$U(x,y,z) = u(x,y) + zu_1(x,y) \tag{6.47a}$$

$$V(x,y,z) = v(x,y) + zv_1(x,y) \tag{6.47b}$$

$$W(x,y,z) = w(x,y) - \frac{\nu}{1-\nu}\left[z\left(\frac{\partial u}{\partial x} + \frac{\partial v}{\partial y}\right) + z^2\left(\frac{\partial u_1}{\partial x} + \frac{\partial v_1}{\partial y}\right)\right] \tag{6.47c}$$

Reissner–Mindlin[36, 37] の薄板の曲げ理論は式 (6.47) で $u(x,y), v(x,y)$ を除去し,$W(x,y) = w(x,y)$ と簡略化した変位関数式を仮定するものである.すなわち,

$$U(x,y,z) = -zu_1(x,y) \tag{6.48a}$$

$$V(x,y,z) = -zv_1(x,y) \tag{6.48b}$$

$$W(x,y,z) = w(x,y) \tag{6.48c}$$

6.5.1 ひずみ成分

$$\varepsilon_x = \frac{\partial U}{\partial x} = -z\frac{\partial u_1}{\partial x}, \qquad \varepsilon_y = \frac{\partial V}{\partial y} = -z\frac{\partial v_1}{\partial y} \tag{6.49a}$$

$$\gamma_{xy} = \frac{\partial U}{\partial y} + \frac{\partial V}{\partial x} = -z\left(\frac{\partial u_1}{\partial y} + \frac{\partial v_1}{\partial x}\right) \tag{6.49b}$$

$$\gamma_{yz} = \frac{\partial V}{\partial z} + \frac{\partial W}{\partial y} = -v_1(x,y) + \frac{\partial w}{\partial y} \tag{6.49c}$$

$$\gamma_{zx} = \frac{\partial W}{\partial x} + \frac{\partial U}{\partial z} = \frac{\partial w}{\partial x} - u_1(x,y) \tag{6.49d}$$

6.5.2 平板の曲げ変形における断面力成分

$$\begin{aligned}
M_x &= \int_{-h/2}^{h/2} \sigma_x z \mathrm{d}z = \int_{-h/2}^{h/2} \frac{E}{1-\nu^2}(\varepsilon_x + \nu\varepsilon_y)z\,\mathrm{d}z \\
&= \frac{E}{1-\nu}\int_{-h/2}^{h/2} z^2\left(-\frac{\partial u_1}{\partial x} - \nu\frac{\partial v_1}{\partial y}\right)\mathrm{d}z = -\frac{Eh^3}{12(1-\nu^2)}\left(\frac{\partial u_1}{\partial x} + \nu\frac{\partial v_1}{\partial y}\right)
\end{aligned} \tag{6.50}$$

同様にして

$$M_y = -D\left(\frac{\partial v_1}{\partial y} + \nu\frac{\partial u_1}{\partial x}\right), \quad M_{xy} = -\frac{D(1-\nu)}{2}\left(\frac{\partial u_1}{\partial y} + \frac{\partial v_1}{\partial x}\right) \quad (6.51)$$

また

$$\begin{aligned}Q_x &= \int_{-h/2}^{h/2} \tau_{xz}\,\mathrm{d}z \\ &= \int_{-h/2}^{h/2} G\left[\frac{\partial w}{\partial x} - u_1(x,y)\right]\mathrm{d}z = khG\left[\frac{\partial w}{\partial x} - u_1(x,y)\right] \quad (6.52)\\ Q_y &= \int_{-h/2}^{h/2} \tau_{yz}\,\mathrm{d}z \\ &= \int_{-h/2}^{h/2} G\left[\frac{\partial w}{\partial y} - v_1(x,y)\right]\mathrm{d}z = khG\left[\frac{\partial w}{\partial y} - v_1(x,y)\right] \quad (6.53)\end{aligned}$$

ここに k はせん断係数であって式 (6.49) から得られる．τ_{xz}, τ_{yz} が板の厚さ方向に一定である，すなわち τ_{xz}, τ_{yz} は z の関数ではないという仮定から生ずる誤差の修正項である．すなわち板の曲げ変形におけるせん断変形（ゆがみ）の影響を考慮した理論であるということができる．すなわち

$$Q_x = khG\left(\frac{\partial w}{\partial x} - u_1\right), \quad Q_y = khG\left(\frac{\partial w}{\partial y} - v_1\right) \quad (6.54)$$

6.5.3 平板の曲げのひずみエネルギー U

$$\begin{aligned}U &= \frac{1}{2}\iint_A \mathrm{d}A \int_{-h/2}^{h/2} (\sigma_x\varepsilon_x + \sigma_y\varepsilon_y + \sigma_z\varepsilon_z + 2\tau_{xy}\gamma_{xy} + 2\tau_{yz}\gamma_{yz} + 2\tau_{zx}\gamma_{zx})\,\mathrm{d}z \\ &= \frac{1}{2}\iint_A \int_{-h/2}^{h/2} \left\{\frac{Ez^2}{1-\nu^2}\left[\left(\frac{\partial u_1}{\partial x}\right)^2 + \left(\frac{\partial v_1}{\partial y}\right)^2 + 2\nu\frac{\partial u_1}{\partial x}\frac{\partial v_1}{\partial y}\right]\right. \\ &\quad \left. + Gz^2\left(\frac{\partial u_1}{\partial y} + \frac{\partial v_1}{\partial x}\right)^2 + \tau_{xz}\left(\frac{\partial w}{\partial x} - u_1\right) + \tau_{yz}\left(\frac{\partial w}{\partial y} - v_1\right)\right\}\mathrm{d}A\,\mathrm{d}z \\ &= \frac{1}{2}\iint_A \left\{\frac{Eh^3}{12(1-\nu^2)}\left[\left(\frac{\partial u_1}{\partial x}\right)^2 + \left(\frac{\partial v_1}{\partial y}\right)^2 + 2\nu\frac{\partial u_1}{\partial x}\frac{\partial v_1}{\partial y}\right]\right. \\ &\quad \left. + \frac{Gh^3}{12}\left(\frac{\partial u_1}{\partial y} + \frac{\partial v_1}{\partial x}\right)^2 + kh\tau_{zx}\left(\frac{\partial w}{\partial x} - u_1\right) + kh\tau_{yz}\left(\frac{\partial w}{\partial y} - v_1\right)\right\}\mathrm{d}A\end{aligned}$$

$$= \frac{1}{2} \iint_A \left\{ D \left[\left(\frac{\partial u_1}{\partial x} \right)^2 + \left(\frac{\partial v_1}{\partial y} \right)^2 + 2\nu \frac{\partial u_1}{\partial x} \frac{\partial v_1}{\partial y} \right] + \frac{Gh^3}{12} \left(\frac{\partial u_1}{\partial y} + \frac{\partial v_1}{\partial x} \right)^2 \right.$$
$$\left. + khG \left[\left(\frac{\partial w}{\partial x} - u_1 \right)^2 + \left(\frac{\partial w}{\partial y} - v_1 \right)^2 \right] \right\} \mathrm{d}A \tag{6.55}$$

したがって，全エネルギーの停留原理は次式のように表される．

$$\Pi_t(u, v, w) \to \min (u_1, v_1, w \text{ に関して}) \tag{6.56a}$$

ここに

$$\Pi_t(u, v, w) = U' - W, \qquad U' = 2U \tag{6.56b}$$

6.5.4 $\delta \Pi_t(u, v, w) = 0$ の強形式の導出

式 (6.49), (6.50) より，ひずみエネルギーを U_ε とすると，最大ポテンシャルエネルギーの原理は次式で表される．

$$\delta U_\varepsilon - \delta W$$
$$= \iint_A \left\{ \left[D \left(\frac{\partial^2 u_1}{\partial x^2} + \nu \frac{\partial^2 v_1}{\partial x \partial y} \right) + \frac{Gh^3}{12} \left(\frac{\partial^2 u_1}{\partial y^2} + \frac{\partial^2 v_1}{\partial x \partial y} \right) + kGh \left(\frac{\partial w}{\partial x} - u_1 \right) \right] \delta u_1 \right.$$
$$+ \left[D \left(\frac{\partial^2 v_1}{\partial y^2} + \nu \frac{\partial^2 u_1}{\partial x \partial y} \right) + \frac{Gh^3}{12} \left(\frac{\partial^2 v_1}{\partial x^2} + \frac{\partial^2 u_1}{\partial x \partial y} \right) + kGh \left(\frac{\partial w}{\partial y} - v_1 \right) \right] \delta v_1$$
$$+ \left[kGh \left(\frac{\partial^2 w}{\partial x^2} - \frac{\partial u_1}{\partial x} + \frac{\partial^2 w}{\partial y^2} - \frac{\partial v_1}{\partial y} + q \right) \delta w \right] \bigg\} \mathrm{d}A$$
$$+ \oint_\Gamma \left\{ \left[-D \left(\frac{\partial u_1}{\partial x} \mathrm{d}y + \nu \frac{\partial v_1}{\partial y} \mathrm{d}y \right) + \frac{Gh^3}{12} \left(\frac{\partial u_1}{\partial y} \mathrm{d}x + \frac{\partial v_1}{\partial x} \mathrm{d}x \right) \right] \delta u_1 \right.$$
$$+ \left[D \left(\frac{\partial v_1}{\partial y} \mathrm{d}x + \nu \frac{\partial u_1}{\partial x} \mathrm{d}x \right) - \frac{Gh^3}{12} \left(\frac{\partial u_1}{\partial y} \mathrm{d}y + \frac{\partial v_1}{\partial x} \mathrm{d}y \right) \right] \delta v_1$$
$$- \left[(kGh) \left(\frac{\partial w}{\partial x} \mathrm{d}y - u_1 \mathrm{d}y - \frac{\partial w}{\partial y} \mathrm{d}x + v_1 \mathrm{d}x \right) \right] \bigg\} \delta w = 0 \tag{6.57}$$

ここに，$W = \iint_A q w \, \mathrm{d}A$ である．

この式 (6.57) において $\delta u_1, \delta v, y \delta w$ の変分を 0 とおけば，次式のような u_1, v_1 および w に関する連立偏微分方程式が得られる．

$$D \left[\frac{\partial^2 u_1}{\partial x^2} + \frac{(1-\nu)}{2} \frac{\partial^2 u_1}{\partial y^2} + \frac{(1+\nu)}{2} \frac{\partial^2 v_1}{\partial x \partial y} \right] + kGh \left(\frac{\partial w}{\partial x} - u_1 \right) = 0$$

$$D\left[\frac{(1-\nu)}{2}\frac{\partial^2 v_1}{\partial x^2} + \frac{\partial^2 v_1}{\partial y^2} + \frac{(1+\nu)}{2}\frac{\partial^2 v_1}{\partial x \partial y}\right] + kGh\left(\frac{\partial w}{\partial y} - v_1\right) = 0$$

$$-kGh\left(\frac{\partial^2 w}{\partial x^2} + \frac{\partial^2 w}{\partial y^2} - \frac{\partial u_1}{\partial x} - \frac{\partial v_1}{\partial y}\right) = \bar{q} \quad (6.58)$$

ただし，

$$\frac{Gh^3}{12} = \frac{D(1-\nu)}{2}$$

の置き換えを行っている．

式 (6.58) から u_1, v_1 を消去すると最終的に以下の式が得られる．

$$D\,\nabla^4 w = q \quad (6.59)$$

いま境界に立った外向き単位法線を (l, m) とすると

$$\mathrm{d}x = -m\,\mathrm{d}s, \qquad \mathrm{d}y = l\,\mathrm{d}s \quad (6.60)$$

の関係があるので式 (6.57) の周回積分は次式のようになる．

$$\oint_T (M_x\,\delta u_1\,\mathrm{d}y - M_y\,\delta v_1\,\mathrm{d}x + M_{xy}\,\delta v_1\,\mathrm{d}y - M_{xy}\,\delta u_1\,\mathrm{d}x - Q_x\,\delta w\,\mathrm{d}y + Q_y\,\delta w\,\mathrm{d}x)$$

ここで式 (6.60) で置き換えると次式が得られる．

$$\oint_T (M_x\,l\,\delta u_1 - M_y\,m\,\delta v_1 + M_{xy}\,l\,\delta v_1 + M_{xy}\,m\,\delta u_1 - Q_x\,l\,\delta w - Q_y\,m\,\delta w)\,\mathrm{d}s$$
$$(6.61)$$

ここで，さらに (n, s) 座標系に関して

$$u_1 = l u_n - m u_s \quad (6.62\text{a})$$
$$v_1 = m u_n + l u_s \quad (6.62\text{b})$$

あるいは

$$u_n = l u_1 + m v_1 \quad (6.63\text{a})$$
$$u_s = -m u_1 + l v_1 \quad (6.63\text{b})$$

の関係式を導入すると周回積分項は次式のように与えられる．

$$\oint_T \{(M_x\,l^2 + M_y\,m^2 + 2lm M_{xy})\,\delta u_n + [-M_x\,lm + M_y\,lm$$
$$+ M_{xy}(l^2 - m^2)]\,\delta u_s - (Q_x\,l + Q_y\,m)\,\delta w\}\,\mathrm{d}s$$

$$\therefore \oint (M_n\,\delta u_n + M_{ns}\,\delta u_s - Q_n\,\delta w)\,\mathrm{d}s \tag{6.64}$$

を得る.

全エネルギーは次式で表せる.

$$\delta(2U) = \delta \int_V \sigma_{ij}\,\varepsilon_{ij}\,\mathrm{d}V = \delta U_\sigma + \delta U_\varepsilon$$

式 (6.61)–(6.64) を用いて，式 (6.57) のひずみエネルギーの変分 δU_ε を変形すると次式が得られる.

$$\delta U_\varepsilon = \oint_{\Gamma_\sigma} (M_n\,\delta u_n + M_{ns}\,\delta u_s - Q_n\,\delta w)\,\mathrm{d}S - \iint_A (R\,\delta u_1 + S\,\delta v_1 + T\,\delta w)\,\mathrm{d}A$$

コンプリメンタリーエネルギーの変分は

$$\delta U_\sigma = \oint_{\Gamma_s} (u_n\,\delta M_n + u_s\,\delta M_{ns} - w\,\delta Q_n)\,\mathrm{d}S - \iint_A (u_1\,\delta R + v_1\,\delta S + w\,\delta T)\,\mathrm{d}A$$

になる．外力やほかのポテンシャルエネルギーの変分は次式で与えられる.

$$\delta W = \int_{S_M} \bar{M}_n\,\delta u_n\,\mathrm{d}S + \int_{S_M} \bar{M}_{ns}\,\delta u_s\,\mathrm{d}S - \int_{S_Q} \bar{Q}_n\,\delta w\,\mathrm{d}S + \iint_A \bar{q}\,\delta w\,\mathrm{d}A$$
$$+ \int_{S_\theta} \bar{u}_n\,\delta M_n\,\mathrm{d}S + \int_{S_\theta} \bar{u}_s\,\delta M_{ns}\,\mathrm{d}S - \int_{S_w} \bar{w}\,\delta Q_n\,\mathrm{d}S + \iint_A \bar{w}\,\delta \bar{q}\,\mathrm{d}A$$

したがって，平板の境界に沿って次の境界条件が課されることになる.

(1) 変位境界

$$u_n = \bar{u}_n, \qquad v_n = \bar{v}_n, \qquad w = \bar{w} \tag{6.65a}$$

(2) 応力境界

$$M_n = \bar{M}_n, \qquad M_{ns} = \bar{M}_{ns}, \qquad Q_n = \bar{Q}_n \tag{6.65b}$$

ただし，

$$M_n = M_x\,l^2 + M_y m^2 + 2lm M_{xy}$$
$$M_{ns} = (M_y - M_x)\,lm + M_{xy}(l^2 - m^2)$$
$$Q_n = Q_x\,l + Q_y\,m$$

したがって，$\delta\Pi_t(u_i,v_i,w)$ の強形式は最終的に次式のように与えられる[*3]．

$$\oint_{\Gamma_\sigma} [-(M_n - \bar{M}_n)\,\delta u_n - (M_{ns} - \bar{M}_{ns})\,\delta u_s + (Q_n - \bar{Q}_n)\,\delta w]\,\mathrm{d}s$$

$$+ \oint_{\Gamma_s} [(-u_n - \bar{u}_n)\,\delta M_n - (u_s - \bar{u}_s)\,\delta M_{ns} + (w - \bar{w})\,\delta Q_n]\,\mathrm{d}s$$

$$- \iint_A [R(u,v,w)\,\delta u_1 + S(u,v,w)\,\delta v_1 + T(u,v,w)\,\delta w + \bar{q}\,\delta w]\,\mathrm{d}A$$

$$- \iint_A (u_1\,\delta R + v_1\,\delta S + w\,\delta T + w\,\delta\bar{q})\,\mathrm{d}A \qquad (6.66)$$

ここに，

$$R = D\left[\frac{\partial^2 u_1}{\partial x^2} + \frac{(1-\nu)}{2} + \frac{(1+\nu)}{2}\frac{\partial^2 v_k}{\partial x\,\partial y}\right] + kGh\left(\frac{\partial w}{\partial x} - u_1\right)$$

$$S = D\left[\frac{1-\nu}{2}\frac{\partial^2 \nu_1}{\partial x^2} + \frac{\partial^2 v_1}{\partial y^2} + \frac{1+\nu}{2}\frac{\partial^2 u_1}{\partial x\,\partial y}\right] + kGh\left(\frac{\partial w}{\partial y} - \nu_1\right)$$

$$T = kGh\left(\frac{\partial^2 w}{\partial x^2} + \frac{\partial^2 w}{\partial y^2} - \frac{\partial u_1}{\partial x} - \frac{\partial v_1}{\partial y}\right)$$

である．

以上のように，せん断変形の影響を考慮に入れた薄い平板の曲げに関する全エネルギーの停留原理すなわち統一エネルギー原理により，未知関数 (u_1, v_1, w) に関する解法を与える変分原理が導出できることになる．

[*3] (編者注) 実際に解析するときは式 (6.66) の最後の行は削除しなければならない．

7 弾性シェル理論の基礎定式化

7.1 はじめに

弾性シェル構造理論の変分定式化は，1967年に川井がニューヨーク州立大学バッファロー分校客員教授時代に報告した論文[38]にもとづいて展開すべきと考える．

(1) しかし，この報告は鷲津の仮想仕事の原理による弾性シェルの微小変形に関する一般的理論の定式化[12]に終始し，必ずしもものづくりの現場技術者に役立つ形になっていないと考える．(定式化については文献[12]にもとづく．)

(2) そこで現場技術者用の実用解法を展開するため，仮想仕事の原理を一般化した統一エネルギー原理によるRayleigh–Ritz法の展開を可能にする方式に書き換えることを試みる．これにより統一エネルギー原理にもとづいた板シェル構造の混合解析法の展開が可能となると思われる．

(3) この方式の展開を行っておけばRayleigh–Ritz法による上下界挟み撃ち解析法が可能となり，とかく問題が山積したままのシェル構造のFEM解析に新しい光明をもたらすことになると思われる．すなわち

$$\Pi_t(u_i, \sigma_{ij}) = \Pi_p(u_i) + \Pi_c(\sigma_{ij})$$

ここに $\Pi_p(u_i)$ はすでに述べたニューヨーク州立大学バッファロー分校の論文にまとめてあるから，残りの補仮想仕事の原理 $\min \Pi_c(\sigma_{ij})$ の理論にもとづく定式化を進め，上式より $\Pi_t(u_i, \sigma_{ij})$ を構成すればよい．これにより近似解の上下界挟み撃ち解析法の開発も可能となる．

(4) またシェル構造問題はいずれにしても変位，応力ともども強非線形問題で真正

面から取り組まねばならないことは明白である．したがって解法は荷重増分法 (load incremental method) により，はじめからきちんと定式化しておくことが望ましい．[従来大変形問題は弾性変形の場合に限り有限変形理論による定式化が数多くなされてきたが，シェル構造解析の場合は材料非線形問題をも頭に入れて始めから荷重増分法 (load incremental method) で割り切って定式化を進める方がよいと思われる．もちろん MARC や NASTRAN の最も新しいバージョンはその方式になっていると思われるが.]

記号の説明

$\boldsymbol{r}_0^{(0)}, \boldsymbol{r}^{(0)}$：変形前のシェル中央面上および任意の点における位置ベクトル

$\boldsymbol{r}_0, \boldsymbol{r}$：変形後のシェル中央面上および任意の点における位置ベクトル

(α, β, ξ)：シェルの主曲率曲線に沿う直交曲線座標系

$(\boldsymbol{a}^{(0)}, \boldsymbol{b}^{(0)}, \boldsymbol{n}^{(0)})$：$(\alpha, \beta, \xi)$ 座標に付随する単位ベクトル系

$(\mathrm{d}s_0^{(0)})^2 = \mathrm{d}\boldsymbol{r}_0^{(0)} \cdot \mathrm{d}\boldsymbol{r}_0^{(0)} = A^2(\mathrm{d}\alpha)^2 + B^2(\mathrm{d}\beta)^2$：中央面の第 1 基本形式

$(\boldsymbol{g}_1, \boldsymbol{g}_2, \boldsymbol{g}_3)$：シェルの各任意点でとった局所単位ベクトル系

$\tau_{\lambda\mu}, f_{\lambda\mu}$：$(\alpha, \beta, \xi)$ 座標での応力とひずみの表示

$\sigma_{\lambda\mu}, e_{\lambda\mu}$：局所直角座標での応力とひずみの表示

$\varepsilon_\alpha, \varepsilon_\beta, \varepsilon_\xi$：$e_{\lambda\lambda}$ に対する線形化垂直ひずみ成分

$\gamma_{\alpha\beta}, \gamma_{\alpha\xi}, \gamma_{\beta\xi}$：$e_{\lambda\mu}$ に対する線形化せん断ひずみ成分

$\bar{\boldsymbol{Y}} = (\bar{Y}_\alpha, \bar{Y}_\beta, \bar{Y}_\xi)$：シェルに作用する体積力ベクトル

$\bar{\boldsymbol{F}} = (\bar{F}_\alpha, \bar{F}_\beta, \bar{F}_\xi)$：シェルの側面に作用する外力ベクトル

$\delta \bar{U}$：非線形ひずみ–変位関係にもとづくひずみエネルギーの変分

δU：線形ひずみ–変位関係にもとづくひずみエネルギーの変分

δW_i ($i = 1, 2, 3, 4$)：外力による仮想仕事 (下付の添字は，静的，慣性力，熱，初期応力などの荷重タイプを示す)

R_α, R_β： (α, β) 座標に沿った主曲率半径

α_t：線形熱膨張係数

$T = T(\alpha, \beta, \xi)$：シェルの温度分布を表す関数

以下の報告は3次元弾性論を用いたシェル要素の基礎的な定式化に関するものである．

本理論展開では，過去に行われている「シェル」としてのある仮定の条件を一切捨てて「3次元弾性論」から忠実に展開されているものである．ただし，用いられる実際のシェルの変形自由度は有限である．

7.2　3次元弾性論を用いたシェル要素の基礎定式化

Love[35]によるシェル近似理論の導入以来，シェルの解析については多くの検討がなされてきており，膨大な数の書も発行されている．

しかしながら，いまだに問題は解決されているとは言い難く，きわだってかつ信頼性のある解析方法はいまだ見当たらない．その主たる理由は，従来のシェル試論が立脚してきた基本的仮定の不備な点によっているものと思われる．たとえば，シェル理論の現在の大勢は，2次元の応力–ひずみ関係と Kirchhoff–Love の仮定を適用している．

しかし，ここでは，3次元弾性理論の応力–ひずみの一般的関係を用いて展開している．実際，シェルの変形に関しての制約は皆無であり，旧来理論での，応力–ひずみ関係や適合条件に関する矛盾は完全に取り除かれている．

7.2.1　薄肉弾性シェルの静荷重下における一般理論定式化

a. 変形前の幾何的定義

S_m で表されるシェルの中央面を曲面とする．図 7.1 に示すように，S_m 上の任意の点 $P_0^{(0)}$ の位置ベクトルを曲線直交座標系 α と β により次のように定義する．

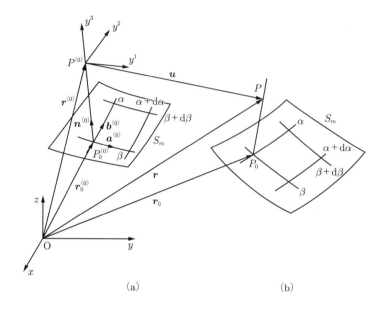

図 **7.1** 変形前 (a) と変形後 (b) のシェルの形状[12]

$$\bm{r}_0^{(0)} = \bm{r}_0^{(0)}(\alpha, \beta) \tag{7.1}$$

α, β の単位ベクトル次のように表す.

$$\bm{a}^{(0)} = \frac{1}{A}\frac{\partial \bm{r}}{\partial \alpha}, \qquad \bm{b}^{(0)} = \frac{1}{B}\frac{\partial \bm{r}_0^{(0)}}{\partial \beta} \tag{7.2}$$

ここで

$$A^2 = \frac{\partial \bm{r}_0^{(0)}}{\partial \alpha} \cdot \frac{\partial \bm{r}_0^{(0)}}{\partial \alpha}, \qquad B^2 = \frac{\partial \bm{r}_0^{(0)}}{\partial \beta} \cdot \frac{\partial \bm{r}_0^{(0)}}{\partial \beta} \tag{7.3}$$

S_m 上の 2 点間λの微小線分を次のように表す.

$$(\mathrm{d}s_0^{(0)})^2 = \mathrm{d}\bm{r}_0^{(0)} \cdot d\bm{r}_0^{(0)} = A^2(\mathrm{d}\alpha)^2 + B^2(\mathrm{d}\beta)^2 \tag{7.4}$$

S_m への単位法線ベクトルは次の外積で表す.

$$\bm{n}^{(0)} = \bm{a}^{(0)} \times \bm{b}^{(0)} \tag{7.5}$$

α と β のおのおのの方向の曲率を R_α, R_β と表し, それらの曲率中心が $\bm{n}^{(0)}$ の正方向に沿っている場合を正とすると, 次のような中央面に関する幾何的な関係が

成立する．

$$\frac{\partial}{\partial \alpha}\begin{bmatrix}\boldsymbol{a}^{(0)}\\\boldsymbol{b}^{(0)}\\\boldsymbol{n}^{(0)}\end{bmatrix}=\begin{bmatrix}0 & -\dfrac{1}{B}\dfrac{\partial A}{\partial \beta} & \dfrac{A}{R_\alpha}\\ \dfrac{1}{B}\dfrac{\partial A}{\partial \beta} & 0 & 0\\ -\dfrac{A}{R_\alpha} & 0 & 0\end{bmatrix}\begin{bmatrix}\boldsymbol{a}^{(0)}\\\boldsymbol{b}^{(0)}\\\boldsymbol{n}^{(0)}\end{bmatrix} \quad (7.6\text{a})$$

$$\frac{\partial}{\partial \beta}\begin{bmatrix}\boldsymbol{a}^{(0)}\\\boldsymbol{b}^{(0)}\\\boldsymbol{n}^{(0)}\end{bmatrix}=\begin{bmatrix}0 & \dfrac{1}{A}\dfrac{\partial B}{\partial \alpha} & 0\\ -\dfrac{1}{A}\dfrac{\partial B}{\partial \alpha} & 0 & \dfrac{B}{R_\beta}\\ 0 & -\dfrac{B}{R_\beta} & 0\end{bmatrix}\begin{bmatrix}\boldsymbol{a}^{(0)}\\\boldsymbol{b}^{(0)}\\\boldsymbol{n}^{(0)}\end{bmatrix} \quad (7.6\text{b})$$

上の関係式と下記が成立することに注意すれば，

$$\frac{\partial^2 \boldsymbol{a}^{(0)}}{\partial \alpha \partial \beta}=\frac{\partial^2 \boldsymbol{a}^{(0)}}{\partial \beta \partial \alpha}, \quad \frac{\partial^2 \boldsymbol{b}^{(0)}}{\partial \alpha \partial \beta}=\frac{\partial^2 \boldsymbol{b}^{(0)}}{\partial \beta \partial \alpha}, \quad \frac{\partial^2 \boldsymbol{n}^{(0)}}{\partial \alpha \partial \beta}=\frac{\partial^2 \boldsymbol{n}^{(0)}}{\partial \beta \partial \alpha}$$

次のような関係が得られる．

$$\frac{\partial}{\partial \alpha}\left(\frac{B}{R_\beta}\right)=\frac{1}{R_\alpha}\frac{\partial B}{\partial \alpha}, \quad \frac{\partial}{\partial \beta}\left(\frac{A}{R_\alpha}\right)=\frac{1}{R_\beta}\frac{\partial A}{\partial \beta} \quad (7.7)$$

$$\frac{\partial}{\partial \alpha}\left(\frac{1}{A}\frac{\partial B}{\partial \alpha}\right)+\frac{\partial}{\partial \beta}\left(\frac{1}{B}\frac{\partial A}{\partial \beta}\right)+\frac{AB}{R_\alpha R_\beta}=0 \quad (7.8)$$

これらの関係は，Codazzi–Gauss の条件として知られている．

次に，シェルの中央面の外に，任意の点 $P^{(0)}$ をとってその位置ベクトルを次のように表す．

$$\boldsymbol{r}^{(0)}=\boldsymbol{r}_0^{(0)}(\alpha,\beta)+\xi \boldsymbol{n}^{(0)}(\alpha,\beta) \quad (7.9)$$

ここで ξ は中央面からその点までの距離を示す．

上記の式 (7.9) は，シェル内の任意の点は，直交曲線座標系として用いられる (α,β,ξ) の座標で定義され得ることを示している．

式 (7.9) より局所基底ベクトルは，次のようになる．

$$\boldsymbol{g}_1=\frac{\partial \boldsymbol{r}^{(0)}}{\partial \alpha}=A\left(1-\frac{\xi}{R_\alpha}\right)\boldsymbol{a}^{(0)} \quad (7.10\text{a})$$

$$\boldsymbol{g}_2=\frac{\partial \boldsymbol{r}^{(0)}}{\partial \beta}=B\left(1-\frac{\xi}{R_\beta}\right)\boldsymbol{b}^{(0)} \quad (7.10\text{b})$$

$$\boldsymbol{g}_3=\frac{\partial \boldsymbol{r}^{(0)}}{\partial \xi}=\boldsymbol{n}^{(0)} \quad (7.10\text{c})$$

隣接する 2 点 $P^{(0)}(\alpha, \beta, \xi)$ と $Q^{(0)}(\alpha+\mathrm{d}\alpha, \beta+\mathrm{d}\beta, \xi+\mathrm{d}\xi)$ の位置ベクトルは,

$$\mathrm{d}\boldsymbol{r}^{(0)} = \boldsymbol{r}^{(0)}_{,\alpha}\mathrm{d}\alpha + \boldsymbol{r}^{(0)}_{,\beta}\mathrm{d}\beta + \boldsymbol{r}^{(0)}_{,\xi}\mathrm{d}\xi$$

$$= A\left(1 - \frac{\xi}{R_\alpha}\right)\boldsymbol{a}^{(0)}\mathrm{d}\alpha + B\left(1 - \frac{\xi}{R_\beta}\right)\boldsymbol{b}^{(0)}\mathrm{d}\beta + \boldsymbol{n}^{(0)}\mathrm{d}\xi \quad (7.11)$$

そしてその長さ $\mathrm{d}s^{(0)}$ は次のように得られる.

$$(\mathrm{d}s^{(0)})^2 = \mathrm{d}\boldsymbol{r}^{(0)} \cdot \mathrm{d}\boldsymbol{r}^{(0)}$$

$$= A^2\left(1 - \frac{\xi}{R_\alpha}\right)^2(\mathrm{d}\alpha)^2 + B^2\left(1 - \frac{\xi}{R_\beta}\right)^2(\mathrm{d}\beta)^2 + (\mathrm{d}\xi)^2 \quad (7.12)$$

$\alpha = $ 一定, $\beta = $ 一定, $\xi = $ 一定, $\alpha + \mathrm{d}\alpha = $ 一定, $\beta + \mathrm{d}\beta = $ 一定, $\xi + \mathrm{d}\xi = $ 一定 の 6 つの面で囲まれた微小な (曲率をもつ厚肉部) 体積は次のように与えられる (図 7.2).

$$\mathrm{d}V = AB\left(1 - \frac{\xi}{R_\alpha}\right)\left(1 - \frac{\xi}{R_\beta}\right)\mathrm{d}\alpha\,\mathrm{d}\beta\,\mathrm{d}\xi \quad (7.13)$$

なお,のちの便宜上,点 $P_0^{(0)}$ で局所の直線座標系 (y^1, y^2, y^3) を定義する (図 7.2).よって次の式が得られる.

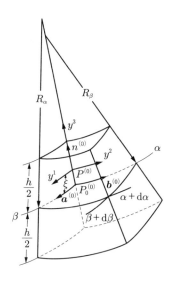

図 **7.2** シェル要素[12]

7.2 3次元弾性論を用いたシェル要素の基礎定式化

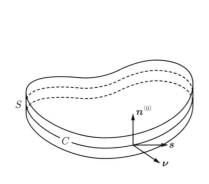

図 **7.3** $\nu, s, n^{(0)}$ の方向[12]

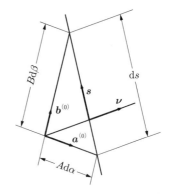

図 **7.4** 境界 C での幾何学的な関係[12]

$$dy^1 = A\left(1 - \frac{\xi}{R_\alpha}\right)d\alpha, \quad dy^2 = B\left(1 - \frac{\xi}{R_\beta}\right)d\beta, \quad dy^3 = d\xi \quad (7.14)$$

次はシェルの側面を考える．S で示される側面は，中央面 S_m と単純に垂直の関係で結合されてその方向に延長することで生成される (図 7.3)．S_m と S の交差する曲線を C，C と S に対して垂直な外向きの単位ベクトルを ν とする (図 7.4)．そうすると S 上の微小面積は

$$dS = \sqrt{\left[m\left(1 - \frac{\xi}{R_\alpha}\right)\right]^2 + \left[l\left(1 - \frac{\xi}{R_\beta}\right)\right]^2}\, ds\, dx \quad (7.15)$$

$$l = \boldsymbol{a}^{(0)} \cdot \boldsymbol{\nu}, \quad m = \boldsymbol{b}^{(0)} \cdot \boldsymbol{\nu}, \quad A\,d\alpha = \pm m\,ds, \quad B\,d\beta = \pm l\,ds \quad (7.16)$$

図 7.3 より

$$\frac{1}{A}\frac{\partial}{\partial \alpha} = l\frac{\partial}{\partial \nu} - m\frac{\partial}{\partial s}, \quad \frac{1}{B}\frac{\partial}{\partial \beta} = m\frac{\partial}{\partial \nu} + l\frac{\partial}{\partial \nu} \quad (7.17)$$

b. ひずみの解析

次は「変形」下の図 7.1 のシェル要素について検討する．$P^{(0)}$ が新しい位置 P に移動したとする．その P の位置ベクトルは次のように与えられる．

$$\boldsymbol{r} = \boldsymbol{r}^{(0)} + \boldsymbol{u} \quad (7.18)$$

ここで変位ベクトル $\boldsymbol{u}$ は (α, β, ξ) の関数であり，その成分である u, v, w は方向 $\boldsymbol{a}^{(0)}, \boldsymbol{b}^{(0)}, \boldsymbol{n}^{(0)}$ によって次のように定義される．

$$\boldsymbol{u}^{(0)} = u\boldsymbol{a}^{(0)} + v\boldsymbol{b}^{(0)} + w\boldsymbol{n}^{(0)} \tag{7.19}$$

3次元弾性論より，曲線直交座標系 (α, β, ξ) において，そのひずみ成分 $f_{\lambda\mu}$ は次式のように定義される．

$$f_{\lambda\mu} = \frac{1}{2}(G_{\lambda\mu} - g_{\lambda\mu}) \tag{7.20a}$$

$$G_{\lambda\mu} = \frac{\partial \boldsymbol{r}}{\partial \alpha^\lambda} \cdot \frac{\partial \boldsymbol{r}}{\partial \alpha^\mu}, \qquad g_{\lambda\mu} = \frac{\partial \boldsymbol{r}^{(0)}}{\partial \alpha^\lambda} \cdot \frac{\partial \boldsymbol{r}^{(0)}}{\partial \alpha^\mu} \tag{7.20b}$$

$$(\alpha^1 = \alpha, \qquad \alpha^2 = \beta, \qquad \alpha^3 = \xi)$$

式 (7.6), (7.10), (7.19) より次の式が得られる．

$$\left. \begin{aligned} \frac{1}{A}\frac{\partial \boldsymbol{r}}{\partial \alpha} &= \left[\left(1 - \frac{\xi}{R_\alpha}\right) + l_{11}\right]\boldsymbol{a}^{(0)} + l_{21}\boldsymbol{b}^{(0)} + l_{31}\boldsymbol{n}^{(0)} \\ \frac{1}{B}\frac{\partial \boldsymbol{r}}{\partial \beta} &= l_{12}\boldsymbol{a}^{(0)} + \left[\left(1 - \frac{\xi}{R_\beta}\right) + l_{22}\right]\boldsymbol{b}^{(0)} + l_{32}\boldsymbol{n}^{(0)} \\ \frac{\partial \boldsymbol{r}}{\partial \xi} &= \frac{\partial u}{\partial \xi}\boldsymbol{a}^{(0)} + \frac{\partial v}{\partial \xi}\boldsymbol{b}^{(0)} + \left(1 + \frac{\partial w}{\partial \xi}\right)\boldsymbol{n}^{(0)} \end{aligned} \right\} \tag{7.21a}$$

$$\left. \begin{aligned} l_{11} &= \frac{1}{A}\frac{\partial u}{\partial \alpha} + \frac{v}{AB}\frac{\partial A}{\partial \beta} - \frac{w}{R_\alpha} \\ l_{12} &= \frac{1}{B}\frac{\partial u}{\partial \beta} - \frac{v}{AB}\frac{\partial B}{\partial \alpha} \\ l_{21} &= \frac{1}{A}\frac{\partial v}{\partial \alpha} - \frac{u}{AB}\frac{\partial A}{\partial \beta} \\ l_{22} &= \frac{1}{B}\frac{\partial v}{\partial \beta} + \frac{u}{AB}\frac{\partial B}{\partial \alpha} - \frac{w}{R_\beta} \\ l_{31} &= \frac{1}{A}\frac{\partial w}{\partial \alpha} + \frac{u}{R_\alpha} \\ l_{32} &= \frac{1}{B}\frac{\partial w}{\partial \beta} + \frac{v}{R_\beta} \end{aligned} \right\} \tag{7.21b}$$

$$e_{\lambda\mu} = \frac{\partial \alpha^w}{\partial y^\lambda}\frac{\partial \alpha^\nu}{\partial y^\mu} f_{w\nu} \tag{7.22}$$

7.2 3次元弾性論を用いたシェル要素の基礎定式化

$$\left.\begin{array}{l} e_{\alpha\alpha} = \dfrac{e_{\alpha\alpha_0}}{(1-\frac{\xi}{R_\alpha})^2}, \quad e_{\beta\beta} = \dfrac{e_{\beta\beta_0}}{(1-\frac{\xi}{R_\beta})^2}, \quad e_{\xi\xi} = e_{\xi\xi_0} \\[2mm] e_{\alpha\beta} = \dfrac{e_{\alpha\beta_0}}{\left(1-\frac{\xi}{R_\alpha}\right)\left(1-\frac{\xi}{R_\beta}\right)}, \quad e_{\alpha\xi} = \dfrac{e_{\alpha\xi_0}}{\left(1-\frac{\xi}{R_\alpha}\right)}, \quad e_{\beta\xi} = \dfrac{e_{\beta\xi_0}}{\left(1-\frac{\xi}{R_\beta}\right)} \end{array}\right\} \quad (7.23\mathrm{a})$$

$$\left.\begin{array}{l} 2e_{\alpha\alpha_0} = 2l_{11}\left(1-\dfrac{\xi}{R_\alpha}\right) + l_{11}^2 + l_{21}^2 + l_{31}^2 \\[2mm] 2e_{\beta\beta_0} = 2l_{22}(1-\dfrac{\xi}{R_\beta}) + l_{12}^2 + l_{22}^2 + l_{32}^2 \\[2mm] 2e_{\xi\xi_0} = 2\dfrac{\partial w}{\partial \xi} + \left(\dfrac{\partial u}{\partial \xi}\right)^2 + \left(\dfrac{\partial v}{\partial \xi}\right)^2 + \left(\dfrac{\partial w}{\partial \xi}\right)^2 \\[2mm] 2e_{\alpha\beta_0} = \left[\left(1-\dfrac{\xi}{R_\alpha}\right) + l_{11}\right]l_{12} + l_{21}\left[\left(1-\dfrac{\xi}{R_\beta}\right) + l_{22}\right] + l_{31}l_{32} \\[2mm] 2e_{\alpha\xi_0} = \left[\left(1-\dfrac{\xi}{R_\alpha}\right) + l_{11}\right]\dfrac{\partial u}{\partial \xi} + l_{21}\dfrac{\partial v}{\partial \xi} + l_{31}\left(1+\dfrac{\partial w}{\partial \xi}\right) \\[2mm] 2e_{\beta\xi_0} = l_{12}\dfrac{\partial u}{\partial \xi} + \left[\left(1-\dfrac{\xi}{R_\beta}\right) + l_{22}\right]\dfrac{\partial v}{\partial \xi} + l_{32}\left(1+\dfrac{\partial w}{\partial \xi}\right) \end{array}\right\} \quad (7.23\mathrm{b})$$

$$\left.\begin{array}{l} \varepsilon_\alpha = \dfrac{\varepsilon_{\alpha_0}}{(1-\frac{\xi}{R_\alpha})}, \quad \varepsilon_\beta = \dfrac{\varepsilon_{\beta_0}}{(1-\frac{\xi}{R_\beta})}, \quad \varepsilon_\xi = \varepsilon_{\xi_0} \\[2mm] \gamma_{\alpha\beta} = \dfrac{\gamma_{\alpha\beta_0}}{\left(1-\frac{\xi}{R_\alpha}\right)\left(1-\frac{\xi}{R_\beta}\right)}, \quad \gamma_{\alpha\xi} = \dfrac{\gamma_{\alpha\xi_0}}{\left(1-\frac{\xi}{R_\alpha}\right)}, \quad \gamma_{\beta\xi} = \dfrac{\gamma_{\beta\xi_0}}{\left(1-\frac{\xi}{R_\beta}\right)} \end{array}\right\} \quad (7.24\mathrm{a})$$

$$\left.\begin{array}{l} \varepsilon_{\alpha_0} = l_{11}, \quad \varepsilon_{\beta_0} = l_{22}, \quad \varepsilon_{\xi_0} = \dfrac{\partial w}{\partial \xi} \\[2mm] \gamma_{\alpha\beta_0} = l_{12}\left(1-\dfrac{\xi}{R_\alpha}\right) \\[2mm] \gamma_{\alpha\xi_0} = \dfrac{\partial u}{\partial \xi}\left(1-\dfrac{\xi}{R_\alpha}\right) + l_{31}, \quad \gamma_{\beta\xi_0} = \dfrac{\partial v}{\partial \xi}\left(1-\dfrac{\xi}{R_\beta}\right) + l_{32} \end{array}\right\} \quad (7.24\mathrm{b})$$

材料は一様で等方性とすれば,応力-ひずみ関係は次のように導かれる.

$$\sigma_\alpha = \dfrac{E}{1+\nu}\left(e_{\alpha\alpha} + \dfrac{\nu}{1-2\nu}e\right), \quad \tau_{\alpha\beta} = 2Ge_{\alpha\beta} \qquad (7.25\mathrm{a})$$

$$\sigma_\beta = \dfrac{E}{1+\nu}\left(e_{\beta\beta} + \dfrac{\nu}{1-2\nu}e\right), \quad \tau_{\alpha\xi} = 2Ge_{\alpha\xi} \qquad (7.25\mathrm{b})$$

$$\sigma_\xi = \dfrac{E}{1+\nu}\left(e_{\xi\xi} + \dfrac{\nu}{1-2\nu}e\right), \quad \tau_{\beta\xi} = 2Ge_{\beta\xi} \qquad (7.25\mathrm{c})$$

ここで,
$$e = e_{\alpha\alpha} + e_{\beta\beta} + e_{\xi\xi}$$

もし線形ひずみとするなら式 (7.25) は

$$\sigma_\alpha = \frac{E}{1+\nu}\left(\varepsilon_\alpha + \frac{\nu}{1-2\nu}\varepsilon\right), \quad \tau_{\alpha\beta} = G\gamma_{\alpha\beta} \qquad (7.26a)$$

$$\sigma_\beta = \frac{E}{1+\nu}\left(\varepsilon_\beta + \frac{\nu}{1-2\nu}\varepsilon\right), \quad \tau_{\alpha\xi} = G\gamma_{\alpha\xi} \qquad (7.26b)$$

$$\sigma_\xi = \frac{E}{1+\nu}\left(\varepsilon_\xi + \frac{\nu}{1-2\nu}\varepsilon\right), \quad \tau_{\beta\xi} = G\gamma_{\beta\xi} \qquad (7.26c)$$

ここで
$$\varepsilon = \varepsilon_\alpha + \varepsilon_\beta + \varepsilon_\xi$$

7.2.2 Rayleigh–Ritz 法による解法

　数値解法の検討にあたって，わかりやすくするため微小変形を前提とする．また，幾何的境界条件は $u=0, v=0, w=0$ と与えられているとする．

a. u, v, w の変位関数

　一般に，変位関数の選定にあたっては以下のような法則にもとづく．

(1) 変位関数は無限の自由度であり，それらは数学的に完全 (complete) であること．
(2) 変位関数は前述した幾何的な境界条件を完全に満たさなければならない．
(3) 変位関数は要素ごとの積分を考えると，できる限り簡潔であるべきである．

　以上の条件のもとに次のような変位関数を導入する．

$$u(\alpha,\beta,\xi) = \sum_{p=0}^{\infty}\sum_{q=0}^{\infty}\sum_{r=0}^{\infty} a_{pqr} u_{pq}(\alpha,\beta)\xi^r \qquad (7.27a)$$

$$v(\alpha,\beta,\xi) = \sum_{p=0}^{\infty}\sum_{q=0}^{\infty}\sum_{r=0}^{\infty} b_{pqr} v_{pq}(\alpha,\beta)\xi^r \qquad (7.27b)$$

$$w(\alpha,\beta,\xi) = \sum_{p=0}^{\infty}\sum_{q=0}^{\infty}\sum_{r=0}^{\infty} c_{pqr} w_{pq}(\alpha,\beta)\xi^r \qquad (7.27c)$$

7.2 3次元弾性論を用いたシェル要素の基礎定式化

これらの関数は前述の幾何的境界条件を満たすように選択される[*1]。

b. 未知係数 $a_{pqr}, b_{pqr}, c_{pqr}$ の連立方程式の誘導

$$\delta U = \iiint \left[\sigma_\alpha \delta l_{11} \left(1 - \frac{\xi}{R_\beta}\right) + \sigma_\beta \delta l_{22} \left(1 - \frac{\xi}{R_\alpha}\right) \right.$$

$$+ \sigma_\xi \delta \left(\frac{\partial w}{\partial \xi}\right)\left(1 - \frac{\xi}{R_\alpha}\right)\left(1 - \frac{\xi}{R_\beta}\right) + \tau_{\alpha\beta}\delta\gamma_{\alpha\beta_0} + \tau_{\alpha\xi}\delta\gamma_{\alpha\xi_0}\left(1 - \frac{\xi}{R_\beta}\right)$$

$$\left. + \tau_{\beta\xi}\delta\gamma_{\beta\xi_0}\left(1 - \frac{\xi}{R_\alpha}\right) \right] AB \, d\alpha \, d\beta \, d\xi \tag{7.28}$$

さらに式 (7.25) を用いて，

$$\delta U = \frac{E}{1+\nu} \iiint \left\{ \frac{1-\nu}{1-2\nu} \frac{1-\frac{\xi}{R_\beta}}{1-\frac{\xi}{R_\alpha}} l_{11}\delta l_{11} + \frac{\nu}{1-2\nu} l_{22}\delta l_{11} \right.$$

$$+ \frac{\nu}{1-2\nu} \frac{\partial w}{\partial \xi}\left(1-\frac{\xi}{R_\beta}\right)\delta l_{11} + \frac{\nu}{1-2\nu} l_{11}\delta l_{22}$$

$$+ \frac{1-\nu}{1-2\nu} \frac{1-\frac{\xi}{R_\alpha}}{1-\frac{\xi}{R_\beta}} l_{22}\delta l_{22} \frac{\nu}{1-2\nu} \frac{\partial w}{\partial \xi}\left(1-\frac{\xi}{R_\alpha}\right)\delta l_{22}$$

$$+ \frac{\nu}{1-2\nu}\left(1-\frac{\xi}{R_\alpha}\right) l_{11}\delta\left(\frac{\partial w}{\partial \xi}\right) + \frac{\nu}{1-2\nu}\left(1-\frac{\xi}{R_\beta}\right) l_{22}\delta\left(\frac{\partial w}{\partial \xi}\right)$$

$$+ \frac{1-\nu}{1-2\nu}\left(1-\frac{\xi}{R_\alpha}\right)\left(1-\frac{\xi}{R_\beta}\right)\frac{\partial w}{\partial \xi}\delta\left(\frac{\partial w}{\partial \xi}\right)$$

$$+ \frac{1}{2}\left(l_{12}\frac{1-\frac{\xi}{R_\alpha}}{1-\frac{\xi}{R_\beta}} + l_{21}\right)\delta l_{12} + \frac{1}{2}\left(l_{12} + l_{21}\frac{1-\frac{\xi}{R_\beta}}{1-\frac{\xi}{R_\alpha}}\right)\delta l_{21}$$

$$+ \frac{1}{2}\left[\frac{\partial u}{\partial \xi}\left(1-\frac{\xi}{R_\alpha}\right) + l_{31}\right]\left(1-\frac{\xi}{R_\beta}\right)\delta\left(\frac{\partial u}{\partial \xi}\right)$$

$$+ \frac{1}{2}\left(\frac{\partial u}{\partial \xi} + \frac{l_{31}}{1-\frac{\xi}{R_\alpha}}\right)\left(1-\frac{\xi}{R_\beta}\right)\delta l_{31}$$

$$+ \frac{1}{2}\left[\frac{\partial v}{\partial \xi}\left(1-\frac{\xi}{R_\beta}\right) + l_{32}\right]\left(1-\frac{\xi}{R_\alpha}\right)\delta\left(\frac{\partial v}{\partial \xi}\right)$$

$$\left. + \frac{1}{2}\left(\frac{\partial v}{\partial \xi} + \frac{l_{32}}{1-\frac{\xi}{R_\beta}}\right)\left(1-\frac{\xi}{R_\alpha}\right)\delta l_{32} \right\} AB \, d\alpha \, d\beta \, d\xi \tag{7.29}$$

[*1] （編者注）これらの無限級数は実際の計算では有限項で打ち切る．特に通常のシェル理論では，ξ については数項のみ用いる．

ここで，δl_{ij} $(i,j=1,2,3)$ は式 (7.21b) より次のように与えられる．

$$\delta l_{11} = \frac{1}{A}\frac{\partial \delta u}{\partial \alpha} + \frac{\delta v}{AB}\frac{\partial A}{\partial \beta} - \frac{\delta w}{R_\alpha} \tag{7.30a}$$

$$\delta l_{12} = \frac{1}{B}\frac{\partial \delta u}{\partial \beta} - \frac{\delta v}{AB}\frac{\partial B}{\partial \alpha} \tag{7.30b}$$

$$\delta l_{21} = \frac{1}{A}\frac{\partial \delta v}{\partial \alpha} - \frac{\delta u}{AB}\frac{\partial A}{\partial \beta} \tag{7.30c}$$

$$\delta l_{22} = \frac{1}{B}\frac{\partial \delta v}{\partial \beta} + \frac{\delta u}{AB}\frac{\partial B}{\partial \alpha} - \frac{\delta w}{R_\beta} \tag{7.30d}$$

$$\delta l_{31} = \frac{1}{A}\frac{\partial \delta w}{\partial \alpha} + \frac{\delta u}{R_\alpha} \tag{7.30e}$$

$$\delta l_{32} = \frac{1}{B}\frac{\partial \delta w}{\partial \beta} + \frac{\delta v}{R_\beta} \tag{7.30f}$$

ここで，各変位の変分は次のようになる．

$$\delta u = \sum_{l=0}^{\infty}\sum_{m=0}^{\infty}\sum_{n=0}^{\infty} \delta a_{pqr}\, u_{pq}(\alpha,\beta)\, \xi^r \tag{7.31a}$$

$$\delta v = \sum_{l=0}^{\infty}\sum_{m=0}^{\infty}\sum_{n=0}^{\infty} \delta b_{pqr}\, v_{pq}(\alpha,\beta)\, \xi^r \tag{7.31b}$$

$$\delta w = \sum_{l=0}^{\infty}\sum_{m=0}^{\infty}\sum_{n=0}^{\infty} \delta c_{pqr}\, w_{pq}(\alpha,\beta)\, \xi^r \tag{7.31c}$$

式 (7.27) と (7.31) を式 (7.29) に代入し，式 (7.21b) と (7.30) を用いて式 (7.29) は変位関数の項 $u_{pq}(\alpha,\beta)\xi^r, v_{pq}(\alpha,\beta)\xi^r, w_{pq}(\alpha,\beta)\xi^r$ で表される．

著者の論文[38]で定義される記号 $I_{lmn}^{pqr\,(k)}$ を用いて，ひずみエネルギーの変分 δU の最終形は以下のように得られる．

$$\begin{aligned}\delta U = \sum_{p,q,r,\,l,m,n=0}^{\infty} & \Big[\Big(a_{lmn}\,\chi_{lmn}^{pqr\,(1)} + b_{lmn}\,\chi_{lmn}^{pqr\,(2)} + c_{lmn}\,\chi_{lmn}^{pqr\,(3)}\Big)\delta a_{pqr} \\ & + \Big(a_{lmn}\,\chi_{pqr}^{lmn\,(2)} + b_{lmn}\,\chi_{lmn}^{pqr\,(4)} + c_{lmn}\,\chi_{lmn}^{pqr\,(5)}\Big)\delta b_{pqr} \\ & + \Big(a_{lmn}\,\chi_{pqr}^{lmn\,(3)} + b_{lmn}\,\chi_{pqr}^{lmn\,(5)} + c_{lmn}\,\chi_{lmn}^{pqr\,(6)}\Big)\Big]\delta c_{pqr}\end{aligned} \tag{7.32}$$

ここで，

$$\chi_{lmn}^{pqr\,(1)} = \frac{1-\nu}{1-2\nu}\Big(I_{lmn}^{pqr\,(1)} + I_{lmn}^{pqr\,(11)}\Big) + \frac{\nu}{1-2\nu}\Big(I_{lmn}^{pqr\,(5)} + I_{pqr}^{lmn\,(5)}\Big)$$

$$+ \frac{1}{2}\Big[I^{pqr\,(14)}_{lmn} - \Big(I^{pqr\,(17)}_{lmn} + I^{lmn\,(17)}_{pqr} \Big) + I^{pqr\,(19)}_{lmn} + rn\, I^{pqr\,(20)}_{lmn}$$

$$+ (r+n)\, I^{pqr\,(22)}_{lmn} + I^{pqr\,(24)}_{lmn} \Big] \tag{7.33a}$$

$$\chi^{(2)}_{lmn}{}^{pqr} = \frac{1-\nu}{1-2\nu}\Big(I^{pqr\,(2)}_{lmn} + I^{pqr\,(10)}_{lmn} \Big) + \frac{\nu}{1-2\nu}\Big(I^{pqr\,(4)}_{lmn} + I^{pqr\,(8)}_{lmn} \Big)$$

$$+ \frac{1}{2}\Big(I^{pqr\,(8)}_{lmn} + I^{pqr\,(15)}_{lmn} - I^{pqr\,(16)}_{lmn} - I^{pqr\,(18)}_{lmn} \Big) \tag{7.33b}$$

$$\chi^{(3)}_{lmn}{}^{pqr} = -\frac{1-\nu}{1-2\nu}\Big(I^{pqr\,(3)}_{lmn} + I^{pqr\,(12)}_{lmn} \Big) + \Big(\frac{\nu}{1-2\nu}\Big)\Big[n\Big(I^{pqr\,(7)}_{lmn} + I^{pqr\,(12)}_{lmn} \Big)$$

$$- \Big(I^{pqr\,(6)}_{lmn} + I^{pqr\,(9)}_{lmn} \Big) \Big] + \frac{1}{2}\Big(r\, I^{pqr\,(21)}_{lmn} + I^{pqr\,(23)}_{lmn} \Big) \tag{7.33c}$$

$$\chi^{(4)}_{lmn}{}^{pqr} = \frac{1-\nu}{1-2\nu}(I^{pqr\,(28)}_{lmn} + I^{pqr\,(34)}_{lmn}) + \frac{\nu}{1-2\nu}\Big(I^{pqr\,(30)}_{lmn} + I^{lmn\,(30)}_{pqr} \Big)$$

$$+ \frac{1}{2}\Big[I^{pqr\,(38)}_{lmn} + I^{pqr\,(39)}_{lmn} - \Big(I^{pqr\,(37)}_{lmn} + I^{lmn\,(37)}_{pqr} \Big) + rn\, I^{pqr\,(40)}_{lmn}$$

$$+ (n+r)\, I^{pqr\,(25)}_{lmn} + I^{pqr\,(27)}_{lmn} \Big] \tag{7.33d}$$

$$\chi^{(5)}_{lmn}{}^{pqr} = -\frac{1-\nu}{1-2\nu}\Big(I^{lmn\,(29)}_{pqr} + I^{lmn\,(35)}_{pqr} \Big) + \frac{\nu}{1-2\nu}\Big[n\Big(I^{pqr\,(32)}_{lmn} + I^{pqr\,(36)}_{lmn} \Big)$$

$$- I^{pqr\,(31)}_{lmn} - I^{pqr\,(33)}_{lmn} \Big] + \frac{1}{2}\Big(r\, I^{pqr\,(41)}_{lmn} + I^{pqr\,(21)}_{lmn} \Big) \tag{7.33e}$$

$$\chi^{(6)}_{lmn}{}^{pqr} = \frac{1-\nu}{1-2\nu}\Big(I^{pqr\,(42)}_{lmn} + I^{pqr\,(43)}_{lmn} + rn\, I^{pqr\,(47)}_{lmn} \Big) + \frac{\nu}{1-2\nu}\Big[2(I^{pqr\,(43)}_{lmn})$$

$$- (n+r)\Big(I^{pqr\,(44)}_{lmn} + I^{pqr\,(46)}_{lmn} \Big) \Big] + \frac{1}{2}\Big(I^{pqr\,(48)}_{lmn} + I^{pqr\,(49)}_{lmn} \Big) \tag{7.33f}$$

同様にして,仮想仕事の原理は次のように表される.

$$\delta W_1 = \sum_{p,q,r=0}^{\infty} [(\tilde{A}_{pqr} + \tilde{B}_{pqr})\delta a_{pqr} + (\tilde{L}_{pqr} + \tilde{E}_{pqr})\delta b_{pqr} + (\tilde{C}_{pqr} + \tilde{f}_{pqr})\delta c_{pqr}] \tag{7.34}$$

ここで $(\tilde{A}_{pqr} + \tilde{B}_{pqr})\delta a_{pqr} + (\tilde{L}_{pqr} + \tilde{E}_{pqr})\delta b_{pqr} + (\tilde{C}_{pqr} + \tilde{f}_{pqr})\delta c_{pqr}]$ は別途定義されるが,具体形は省略する.

式 (7.32) と (7.34) を $\delta U - \delta W_1 = 0$ に代入し，$\delta a_{pqr}, \delta b_{pqr}, \delta c_{pqr}$ の変分は独立であることを考慮すると，未知係数 $a_{pqr}, b_{pqr}, c_{pqr}$ に関する線形の連立方程式は次の 3 セットとなる．

$$\sum_{l,m,n=0}^{\infty} \left(a_{lmn} \overset{(1)}{\chi_{lmn}^{pqr}} + b_{lmn} \overset{(2)}{\chi_{lmn}^{pqr}} + c_{lmn} \overset{(3)}{\chi_{lmn}^{pqr}} \right) = \tilde{A}_{pqr} + \tilde{B}_{pqr} \qquad (7.35\text{a})$$

$$\sum_{l,m,n=0}^{\infty} \left(a_{lmn} \overset{(2)}{\chi_{pqr}^{lmn}} + b_{lmn} \overset{(4)}{\chi_{lmn}^{pqr}} + c_{lmn} \overset{(5)}{\chi_{lmn}^{pqr}} \right) = \tilde{L}_{pqr} + \tilde{E}_{pqr} \qquad (7.35\text{b})$$

$$\sum_{l,m,n=0}^{\infty} \left(a_{lmn} \overset{(3)}{\chi_{pqr}^{lmn}} + b_{lmn} \overset{(5)}{\chi_{pqr}^{lmn}} + c_{lmn} \overset{(6)}{\chi_{lmn}^{pqr}} \right) = \tilde{C}_{pqr} + \tilde{f}_{pqr} \qquad (7.35\text{c})$$

この式 (7.35) を解いて，3 つの未知数は次のように求められる．

$$a_{pqr} = \frac{\overset{(1)}{D}_{pqr}}{D}, \qquad b_{pqr} = \frac{\overset{(2)}{D}_{pqr}}{D}, \qquad c_{pqr} = \frac{\overset{(3)}{D}_{pqr}}{D} \qquad (7.36)$$

ここで D は式 (7.35) の左辺から未知係数を除いて得られる行列式であり，式 (7.36) の分子はそれぞれ $a_{pqr}, b_{pqr}, c_{pqr}$ に関する部分行列式である．

式 (7.36) と (7.27) より，変形分布と応力分布は式 (7.24a), (7.24b) と式 (7.25) によって決められることができる．

7.3 適用すべきエネルギー原理

7.3.1 仮想仕事の原理にもとづく場合の定式化

体積力と，シェルの上下面に作用する単位体積あたりの外力は，次のように与えられる．

$$\bar{\boldsymbol{Y}} = \bar{Y}_\alpha \boldsymbol{a}^{(0)} + \bar{Y}_\beta \boldsymbol{b}^{(0)} + \bar{Y}_\xi \boldsymbol{n}^{(0)} \qquad (7.37)$$

外力 $\bar{\boldsymbol{F}}$ が側面 S 上の部分 S_1 に作用する場合，その成分は

$$\bar{\boldsymbol{F}} = \bar{F}_\alpha \boldsymbol{a}^{(0)} + \bar{F}_\beta \boldsymbol{b}^{(0)} + \bar{F}_\xi \boldsymbol{n}^{(0)} \qquad (7.38)$$

以降，仮想仕事の原理を適用した場合には以下のように展開される．

$$\delta \tilde{U} - \delta \bar{W}_1 = 0 \qquad (7.39\text{a})$$

$$\delta U - \delta W_1 = 0 \qquad (7.39\text{b})$$

7.3 適用すべきエネルギー原理　117

$$\delta \tilde{U} = \iiint (\sigma_\alpha\, \delta e_{\alpha\alpha} + \sigma_\beta\, \delta e_{\beta\beta} + \sigma_\xi\, \delta e_{\xi\xi} + 2\tau_{\alpha\beta}\, \delta e_{\alpha\beta}$$
$$+ 2\tau_{\alpha\xi}\, \delta e_{\alpha\xi} + 2\tau_{\beta\xi}\, \delta e_{\beta\xi}) AB\left(1 - \frac{\xi}{R_\alpha}\right)\left(1 - \frac{\xi}{R_\beta}\right)\mathrm{d}\alpha\,\mathrm{d}\beta\,\mathrm{d}\xi$$
(7.39c)

$$\delta U = \iiint (\sigma_\alpha\, \delta\varepsilon_\alpha + \sigma_\beta\, \delta\varepsilon_\beta + \sigma_\xi\, \delta\varepsilon_\xi + \tau_{\alpha\beta}\, \delta\gamma_{\alpha\beta}$$
$$+ \tau_{\alpha\xi}\, \delta\gamma_{\alpha\xi} + \tau_{\beta\xi}\, \delta\gamma_{\beta\xi}) AB\left(1 - \frac{\xi}{R_\alpha}\right)\left(1 - \frac{\xi}{R_\beta}\right)\mathrm{d}\alpha\,\mathrm{d}\beta\,\mathrm{d}\xi \quad (7.39\mathrm{d})$$

$$\delta W_1 = \iiint [\bar{Y}_\alpha(\alpha,\beta,\xi)\,\delta u + \bar{Y}_\beta(\alpha,\beta,\xi)\,\delta v$$
$$+ \bar{Y}_\xi(\alpha,\beta,\xi)\,\delta w] AB\left(1 - \frac{\xi}{R_\alpha}\right)\left(1 - \frac{\xi}{R_\beta}\right)\mathrm{d}\alpha\,\mathrm{d}\beta\,\mathrm{d}\xi$$
$$+ \iint [\bar{F}_\alpha(\alpha,\beta,\xi)\,\delta u + \bar{F}_\beta(\alpha,\beta,\xi)\,\delta v$$
$$+ \bar{F}_\xi(\alpha,\beta,\xi)\,\delta w] K(\alpha,\beta,\xi)\,\mathrm{d}s\,\mathrm{d}\xi \quad (7.39\mathrm{e})$$

$$K(\alpha,\beta,\xi) = \sqrt{\left[m\left(1 - \frac{\xi}{R_\alpha}\right)\right]^2 + \left[l\left(1 - \frac{\xi}{R_\beta}\right)\right]^2}$$

7.3.2 補仮想仕事の原理にもとづく場合の定式化

この場合は次のようになる.

$$\delta \Pi_c(\sigma_{ij}) = \delta U_c - \delta W_c = 0 \quad (\sigma_{ij} について変分をとる) \quad (7.40)$$

$$\delta U_c = \int (e_{\alpha\alpha}\, \delta\sigma_\alpha + e_{\beta\beta}\, \delta\sigma_\beta + e_{\xi\xi}\, \delta\sigma_\xi + 2\gamma_{\alpha\beta}\, \delta\tau_{\alpha\beta} + 2\gamma_{\alpha\xi}\, \delta\tau_{\alpha\xi} + 2\gamma_{\beta\xi}\, \delta\tau_{\beta\xi})$$
$$\times AB\left(1 - \frac{\xi}{R_\alpha}\right)\left(1 - \frac{\xi}{R_\beta}\right)\mathrm{d}\alpha\,\mathrm{d}\beta\,\mathrm{d}\xi$$

$$\delta W_c = \int_V [\bar{u}(\alpha,\beta,\xi)\,\delta Y_\alpha + \bar{v}(\alpha,\beta,\xi)\,\delta Y_\beta + \bar{w}(\alpha,\beta,\xi)\,\delta Y_\xi]$$
$$\times AB\left(1 - \frac{\xi}{R_\alpha}\right)\left(1 - \frac{\xi}{R_\beta}\right)\mathrm{d}\alpha\,\mathrm{d}\beta\,\mathrm{d}\xi$$
$$+ \int_{S_u} [\bar{u}(\alpha,\beta,\xi)\,\delta F_\alpha + \bar{v}(\alpha,\beta,\xi)\,\delta F_\beta + \bar{w}\,\delta F_\xi(\alpha,\beta,\gamma)] K(\alpha,\beta,\xi)\,\mathrm{d}s\,\mathrm{d}\xi$$

7.3.3 統一エネルギー原理の場合の定式化

7.3.1 項と 7.3.2 項を結合して

$$\delta \Pi_t(u_i, \sigma_{ij}) = \delta \Pi_p(u_i) + \delta \Pi_c(\sigma_{ij}) \tag{7.41}$$

(u_i, σ_{ij}) を作成し，シェル要素の状態ベクトル (u_i, σ_{ij}) に関して最小化を実行すればシェルの状態ベクトル (u_i, σ_{ij}) の近似解が求められる．

8 統一エネルギー原理にもとづくノードレス要素のつくり方

8.1 は じ め に

　8章では，前章までの理論の実行方法を解説する．統一エネルギー原理の理論の根底は連続体としての物体を複数の自由物体 (free-free body) の要素に離散化し，その集合体の力学を構築することにある．それぞれの自由物体 (要素) は節点やばねの概念を導入せずに，独立した場としての固体の力学が展開されるのでノードレス要素と名付けた．ノードレス要素法は節点法でもないし，剛体–ばねモデルでもないため，要素間の変位の連続性を前提としたこれまでの離散化解析の考え方とは異なる解析法である．

　すなわち，"ノードレス (節点レス) 要素" は，節点であらかじめ結合する必要はない，という意味から，2章の8つの方法はすべてノードレス要素が適用可能である．つまり，従来のほとんどの FEM では節点での変位を未知パラメーターにすることに対し，ノードレス要素では，べき級数などで定義する状態ベクトルの未定係数がそのまま未知パラメーターとなる．特に，統一エネルギー原理の一般形式 [解法 (1)] と Trefftz 法 [解法 (5)] については，節点変位のみならず要素間の境界上の状態ベクトルの連続性をあらかじめ決める必要はない．

　統一エネルギー原理は各種の境界値問題の解析に応用することが可能であるが，解析の対象をイメージしやすい固体力学問題の解析を重点的に説明する．実際のノードレス要素の特徴や具体的なつくり方をはじめ，数値解を求めるための具体的な展開については平面応力問題の解析方法を例に説明する．統一エネルギー原理の具体的な応用展開にあたっては，一般的には対象体を部分領域に分割，すな

わち要素の集合にする必要があるという点は従来の有限要素法と同様である．しかし，ノードレス要素法ではそれぞれの要素は完全に自由物体[*1]として扱われるためさまざまな特徴を有している．

8.2 統一エネルギーにもとづく離散化

統一エネルギー原理の変位仮定による定式化を説明する．変位仮定は変位をべき級数で表すのが普通の方法である．実際に解析するには，剛体変位–完全3次式以上を用いると精度の高い解が得られるが，ここでは数式の簡略化のため，剛体変位–完全2次式で定式化を進めることにする．ここからはノードレス要素を単に要素と書くことにする．

表2.1の解法(1)を平面応力場の変分方程式として表すと次式が得られる．

$$\int_{C_\sigma} \delta u(t_x - \bar{t}_x)\,\mathrm{d}C + \int_{C_\sigma} \delta v(t_y - \bar{t}_y)\,\mathrm{d}C + \int_{C_u} \delta t_x(u - \bar{u})\,\mathrm{d}C$$
$$+ \int_{C_u} \delta t_y(v - \bar{v})\,\mathrm{d}C - \int_S \delta u \left(\frac{\partial \sigma_x}{\partial x} + \frac{\partial \tau_{xy}}{\partial y} + \bar{p}_x\right)\mathrm{d}S$$
$$- \int_S \delta v \left(\frac{\partial \tau_{xy}}{\partial x} + \frac{\partial \sigma_y}{\partial y} + \bar{p}_y\right)\mathrm{d}S = 0 \qquad (8.1)$$

ここに，C_σ は力学的境界を，C_u は幾何学的境界を，S は要素の平面を表す．

また，式(8.1)で上指標￣が付かない記号は注目要素の量を表し，上指標￣の付く記号は隣接要素の変位または境界力あるいは荷重などの規定値を表す．

上式から要素マトリックス–ベクトル方程式を導くために局所座標系を用いて変位を定義する．局所座標系の原点は一般に要素の重心にする．

ここでは，3.2節の変位関数の考え方にしたがい，式(3.15)に2次の項を加える．要素内の任意の点における x 方向の変位を u，y 方向の変位を v とすると，変位関数は下のようになる．

$$u = u_0 - r_0 y + e_x x + e_{xy} y + a_1 x^2 + a_2 xy + a_3 y^2 \qquad (8.2)$$
$$v = v_0 + r_0 x + e_y y + e_{xy} x + b_1 x^2 + b_2 xy + b_3 y^2 \qquad (8.3)$$

[*1] 剛体変位が拘束されていない物体．

8.2 統一エネルギーにもとづく離散化

ここに，u_0, v_0 は平行移動の剛体変位で，r_0 は定数であり，注目要素の任意の点で一定であるから剛体回転とよばれる．式 (8.2) の r_0 の前の負符号と式 (8.3) の r_0 の前に正符号が付くのは右手座標系で z 軸に関して要素が反時計回りに剛体回転すると任意の点 (x, y) は $(-r_0 y, r_0 x)$ だけ変位が生じるからである．e_x, e_y, e_{xy} は 1 次の項の未定係数，$a_i, b_i, \cdots$ は 2 次の項の未定係数である．式 (8.2), (8.3) から回転 ω を算出すると下のようになる．

$$\omega = \frac{1}{2}\left(\frac{\partial v}{\partial x} - \frac{\partial u}{\partial y}\right) = r_0 + \frac{1}{2}(2b_1 - a_2)x + \frac{1}{2}(b_2 - 2a_3)y \tag{8.4}$$

式 (8.2), (8.3) からひずみを算出すると下のようになる．

$$\varepsilon_x = \frac{\partial u}{\partial x} = e_x + 2a_1 x + a_2 y \tag{8.5}$$

$$\varepsilon_y = \frac{\partial v}{\partial y} = e_y + b_2 x + 2b_3 y \tag{8.6}$$

$$\gamma_{xy} = \frac{\partial u}{\partial y} + \frac{\partial v}{\partial x} = 2e_{xy} + a_2 x + 2b_1 x + b_2 y + 2a_3 y \tag{8.7}$$

これらより，ひずみを表す 3 つの式に剛体変位と剛体回転が現れないことがわかる．それぞれのノードレス要素には独立した剛体変位と剛体回転が存在するので，それぞれの要素に局所座標系を設ければ，式 (8.2), (8.3) の変位関数は，どの要素にも公式のように使用することができる．

式 (8.2), (8.3) をベクトル形式にすると次のようになる．

$$u = \boldsymbol{N}_x \boldsymbol{A}_e, \qquad v = \boldsymbol{N}_y \boldsymbol{A}_e \tag{8.8}$$

ここに，

$$\boldsymbol{N}_x = [1, 0, -y, x, 0, y, x^2, 0, xy, 0, y^2, 0] \tag{8.9}$$

$$\boldsymbol{N}_y = [0, 1, x, 0, y, x, 0, x^2, 0, xy, 0, y^2] \tag{8.10}$$

$$\boldsymbol{A}_e = [u_0, v_0, r_0, e_x, e_y, e_{xy}, a_1, b_1, a_2, b_2, a_3, b_3]^\mathsf{T} \tag{8.11}$$

である．変位からひずみ $\varepsilon_x, \varepsilon_y, \gamma_{xy}$ を導くと次式を得る．

$$\varepsilon_x = \boldsymbol{N}'_x \boldsymbol{A}_e, \qquad \varepsilon_y = \boldsymbol{N}'_y \boldsymbol{A}_e, \qquad \gamma_{xy} = \boldsymbol{N}'_{xy} \boldsymbol{A}_e \tag{8.12}$$

ここに,

$$N'_x = \frac{\partial N_x}{\partial x}, \qquad N'_y = \frac{\partial N_y}{\partial y}, \qquad N'_{xy} = \frac{\partial N_x}{\partial y} + \frac{\partial N_y}{\partial x} \qquad (8.13)$$

である. 次式は等方弾性材料の応力–ひずみマトリックスを表すものとする.

$$D = \begin{bmatrix} k_1 & k_2 & 0 \\ k_2 & k_1 & 0 \\ 0 & 0 & k_3 \end{bmatrix} \qquad (8.14)$$

ここに,

$$k_1 = \frac{E}{1-\nu^2}, \qquad k_2 = \frac{\nu E}{1-\nu^2}, \qquad k_3 = \frac{E}{2(1+\nu)} \qquad (8.15)$$

E は縦弾性係数, ν はポアソン比を表す.

変位から導いたひずみを $(\varepsilon_x, \varepsilon_y, \gamma_{xy})$ とすると, 応力 $(\sigma_x, \sigma_y, \tau_{xy})$ は次式から求まる.

$$\begin{bmatrix} \sigma_x \\ \sigma_y \\ \tau_{xy} \end{bmatrix} = D \begin{bmatrix} \varepsilon_x \\ \varepsilon_y \\ \gamma_{xy} \end{bmatrix} = \begin{bmatrix} k_1 & k_2 & 0 \\ k_2 & k_1 & 0 \\ 0 & 0 & k_3 \end{bmatrix} \begin{bmatrix} N'_x \\ N'_y \\ N'_{xy} \end{bmatrix} A_e \qquad (8.16)$$

上式から導かれた応力を簡略化のために下のように表すことにする.

$$\sigma_x = S_x A_e, \qquad \sigma_x = S_y A_e, \qquad \tau_{xy} = S_{xy} A_e \qquad (8.17)$$

ここに,

$$S_x = k_1 N'_x + k_2 N'_y, \qquad S_y = k_2 N'_x + k_1 N'_y, \qquad S_{xy} = k_3 N'_{xy} \qquad (8.18)$$

である.

式 (8.1) の境界力 t_x, t_y は Cauchy の式から下のように算出する.

$$\begin{bmatrix} t_x \\ t_y \end{bmatrix} = \begin{bmatrix} \sigma_x & \tau_{xy} \\ \tau_{yx} & \sigma_y \end{bmatrix} \begin{bmatrix} l_x \\ l_y \end{bmatrix} \qquad (8.19)$$

ここに, l_x, l_y は物体の表面上に立てた外向き単位法線ベクトル n の成分である. なお, $\tau_{xy} = \tau_{yx}$ である.

式 (8.17), (8.18), (8.19) から境界力は次のように表せる.

$$t_x = T_x A_e, \qquad t_y = T_y A_e \qquad (8.20)$$

8.2 統一エネルギーにもとづく離散化

ここに,

$$T_x = S_x l_x + S_{xy} l_y, \qquad T_y = S_{xy} l_x + S_y l_y \tag{8.21}$$

である．式 (8.1) の 2 行目の応力の空間微分 $\sigma_{ij,j}$ に関する項は次のように表せる.

$$\frac{\partial \sigma_x}{\partial x} + \frac{\partial \tau_{xy}}{\partial y} = Q_x A_e \tag{8.22a}$$

$$\frac{\partial \tau_{xy}}{\partial x} + \frac{\partial \sigma_y}{\partial y} = Q_y A_e \tag{8.22b}$$

ここに,

$$Q_x = \frac{\partial S_x}{\partial x} + \frac{\partial S_{xy}}{\partial y} \tag{8.23a}$$

$$Q_y = \frac{\partial S_{xy}}{\partial x} + \frac{\partial S_y}{\partial y} \tag{8.23b}$$

である.

以上で,式 (8.1) を要素マトリックス形式で表す準備ができた．いま,注目要素の番号を i,隣接要素の番号を j と表し,式 (8.1) の左辺の最初の項にベクトルどうしの内積で表した変位と境界力を代入すると,

$$\int_{C_\sigma} \delta u(t_x - \bar{t}_x) \, \mathrm{d}C = \delta \boldsymbol{A}_i^\mathsf{T} \left[\left(\int_{C_\sigma} \boldsymbol{N}_x^\mathsf{T} \cdot \boldsymbol{T}_x \, \mathrm{d}C \right) \boldsymbol{A}_i - \left(\int_{C_\sigma} \boldsymbol{N}_x^\mathsf{T} \cdot \bar{\boldsymbol{T}}_x \, \mathrm{d}C \right) \boldsymbol{A}_j \right] \tag{8.24}$$

となる．上式の小括弧の積分をマトリックスで表すと,

$$\int_{C_\sigma} \delta u(t_x - \bar{t}_x) \, \mathrm{d}C = \delta \boldsymbol{A}_i^\mathsf{T} (\boldsymbol{M}_{ii}^{ut} \boldsymbol{A}_i - \boldsymbol{M}_{ij}^{ut} \boldsymbol{A}_j) \tag{8.25}$$

となる．式 (8.1) の左辺のそれぞれの項は同様にマトリックス形式に変形できるから,整理すると下のようになる.

$$\int_{C_\sigma} \delta u(t_x - \bar{t}_x) \, \mathrm{d}C = \delta \boldsymbol{A}_i^\mathsf{T} (\boldsymbol{M}_{ii}^{ut} \boldsymbol{A}_i - \boldsymbol{M}_{ij}^{ut} \boldsymbol{A}_j) \tag{8.26a}$$

$$\int_{C_\sigma} \delta v(t_y - \bar{t}_y) \, \mathrm{d}C = \delta \boldsymbol{A}_i^\mathsf{T} (\boldsymbol{M}_{ii}^{vt} \boldsymbol{A}_i - \boldsymbol{M}_{ij}^{vt} \boldsymbol{A}_j) \tag{8.26b}$$

$$\int_{C_u} \delta t_x (u - \bar{u}) \, \mathrm{d}C = \delta \boldsymbol{A}_i^\mathsf{T} (\boldsymbol{M}_{ii}^{tu} \boldsymbol{A}_i - \boldsymbol{M}_{ij}^{tu} \boldsymbol{A}_j) \tag{8.26c}$$

$$\int_{C_u} \delta t_y (v - \bar{v}) \, \mathrm{d}C = \delta \boldsymbol{A}_i^\mathsf{T} (\boldsymbol{M}_{ii}^{tv} \boldsymbol{A}_i - \boldsymbol{M}_{ij}^{tv} \boldsymbol{A}_j) \tag{8.26d}$$

および

$$\int_S \delta u \left(\frac{\partial \sigma_x}{\partial x} + \frac{\partial \tau_{xy}}{\partial y} + \bar{p}_x \right) \mathrm{d}S = \delta \boldsymbol{A}_i^\mathsf{T} (\boldsymbol{M}_{ii}^{qx} \boldsymbol{A}_i + \bar{\boldsymbol{F}}_{ix}) \quad (8.27\mathrm{a})$$

$$\int_S \delta v \left(\frac{\partial \tau_{xy}}{\partial x} + \frac{\partial \sigma_y}{\partial y} + \bar{p}_y \right) \mathrm{d}S = \delta \boldsymbol{A}_i^\mathsf{T} (\boldsymbol{M}_{ii}^{qy} \boldsymbol{A}_i + \bar{\boldsymbol{F}}_{iy}) \quad (8.27\mathrm{b})$$

ここに,

$$\boldsymbol{M}_{ii}^{ut} = \int_{C_\sigma} \boldsymbol{N}_x^\mathsf{T} \cdot \boldsymbol{T}_x \, \mathrm{d}C, \quad \boldsymbol{M}_{ij}^{ut} = \int_{C_\sigma} \boldsymbol{N}_x^\mathsf{T} \cdot \bar{\boldsymbol{T}}_x \, \mathrm{d}C \quad (8.28\mathrm{a})$$

$$\boldsymbol{M}_{ii}^{vt} = \int_{C_\sigma} \boldsymbol{N}_y^\mathsf{T} \cdot \boldsymbol{T}_y \, \mathrm{d}C, \quad \boldsymbol{M}_{ij}^{vt} = \int_{C_\sigma} \boldsymbol{N}_y^\mathsf{T} \cdot \bar{\boldsymbol{T}}_y \, \mathrm{d}C \quad (8.28\mathrm{b})$$

$$\boldsymbol{M}_{ii}^{tu} = \int_{C_u} \boldsymbol{T}_x^\mathsf{T} \cdot \boldsymbol{N}_x \, \mathrm{d}C, \quad \boldsymbol{M}_{ij}^{tu} = \int_{C_u} \boldsymbol{T}_x^\mathsf{T} \cdot \bar{\boldsymbol{N}}_x \, \mathrm{d}C \quad (8.28\mathrm{c})$$

$$\boldsymbol{M}_{ii}^{tv} = \int_{C_u} \boldsymbol{T}_y^\mathsf{T} \cdot \boldsymbol{N}_y \, \mathrm{d}C, \quad \boldsymbol{M}_{ij}^{tv} = \int_{C_u} \boldsymbol{T}_y^\mathsf{T} \cdot \bar{\boldsymbol{N}}_y \, \mathrm{d}C \quad (8.28\mathrm{d})$$

$$\boldsymbol{M}_{ii}^{qx} = \int_S \boldsymbol{N}_x^\mathsf{T} \cdot \boldsymbol{Q}_x \, \mathrm{d}S, \quad \bar{\boldsymbol{F}}_{ix} = \int_S \boldsymbol{N}_x^\mathsf{T} \bar{p}_x \, \mathrm{d}S \quad (8.28\mathrm{e})$$

$$\boldsymbol{M}_{ii}^{qy} = \int_S \boldsymbol{N}_y^\mathsf{T} \cdot \boldsymbol{Q}_y \, \mathrm{d}S, \quad \bar{\boldsymbol{F}}_{iy} = \int_S \boldsymbol{N}_y^\mathsf{T} \bar{p}_y \, \mathrm{d}S \quad (8.28\mathrm{f})$$

である. 式 (8.27), (8.28) を式 (8.1) に代入すると次式を得る.

$$\delta \boldsymbol{A}_i^\mathsf{T} [(\boldsymbol{M}_{ii}^{ut} + \boldsymbol{M}_{ii}^{vt} + \boldsymbol{M}_{ii}^{tu} + \boldsymbol{M}_{ii}^{tv} - \boldsymbol{M}_{ii}^{qx} - \boldsymbol{M}_{ii}^{qy}) \boldsymbol{A}_i \\ - (\boldsymbol{M}_{ij}^{ut} + \boldsymbol{M}_{ij}^{vt} + \boldsymbol{M}_{ij}^{tu} + \boldsymbol{M}_{ij}^{tv}) \boldsymbol{A}_j - (\bar{\boldsymbol{F}}_{ix} + \bar{\boldsymbol{F}}_{iy})] = \boldsymbol{0} \quad (8.29)$$

上式で $\delta \boldsymbol{A}_i^\mathsf{T}$ は非零の変分ベクトルとすれば, [ ] 内が 0 でなければならないから次式を得る.

$$\boldsymbol{M}_{ii} \boldsymbol{A}_i + \boldsymbol{M}_{ij} \boldsymbol{A}_j = \bar{\boldsymbol{F}}_i \quad (8.30)$$

ここに,

$$\boldsymbol{M}_{ii} = \boldsymbol{M}_{ii}^{ut} + \boldsymbol{M}_{ii}^{vt} + \boldsymbol{M}_{ii}^{tu} + \boldsymbol{M}_{ii}^{tv} - \boldsymbol{M}_{ii}^{qx} - \boldsymbol{M}_{ii}^{qy} \quad (8.31\mathrm{a})$$

$$\boldsymbol{M}_{ij} = -(\boldsymbol{M}_{ij}^{ut} + \boldsymbol{M}_{ij}^{vt} + \boldsymbol{M}_{ij}^{tu} + \boldsymbol{M}_{ij}^{tv}) \quad (8.31\mathrm{b})$$

$$\bar{\boldsymbol{F}}_i = \bar{\boldsymbol{F}}_{ix} + \bar{\boldsymbol{F}}_{iy} \quad (8.31\mathrm{c})$$

である. $\boldsymbol{M}_{ii}$ は注目要素 i の変位関数のみから導くことができる. $\boldsymbol{M}_{ij}$ は, 注目要素 i の変位関数と隣接要素 j の変位関数の両方から導出されるマトリックスで

ある．要素の辺の境界条件により現れるマトリックスが異なるので，式 (8.31) の右辺のマトリックスがすべて現れるわけではない．

8.3 ノードレス要素とは

統一エネルギー原理にもとづくノードレス要素法では，従来の隣接要素と節点で変位を共有する有限要素ではなく，それぞれの要素ごとに剛体変位および変位または応力を仮定する．したがって，それぞれの要素は完全に自由物体として扱われ，節点での要素間結合のパラメーターはもちろん，ばね，ペナルティ，Lagrange乗数などを一切使用しない離散化解析法であるといえよう．ただし，要素分割にかかわるデータ作成に関してはあくまで要素の定義という幾何学的作図上の頂点の定義などは当然必要とされる．その特徴を，2 次元解析における要素分割の模式図で従来の節点 FEM と比較して図 8.1 に示す．

ノードレス要素法の入力データ構造はかなり柔軟性がある．2 次元解析では任意の多角形，3 次元解析では任意の多面体で領域を分割し解析することができる．要素の境界で不整合な状態，たとえば 4 つのコーナーをもつ要素の一辺に 2 つの要素を隣接させるようなことも可能である．なお，通常は要素ごとに任意のべき級数型の変位または応力関数を用いるが，固体力学の解析では必ず剛体変位を含めなければならない．

ノードレス要素の特徴をまとめると次のようになる．

(1) 要素の形状は要素の関数の未定係数の数と無関係である．
(2) 不整合メッシュ分割が可能である．

(a) 従来の節点 FEM

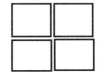
(b) ノードレス要素法

図 **8.1** ノードレス要素分割のイメージ

(3) 要素ごとに未定係数の数を変えてもよい．
(4) システム-マトリックスを組み立てる際に重ね合せは不要である．
(5) 固体力学の解析では要素ごとに剛体変位を定義する必要がある．
(6) 幾何学的に単純な領域であれば1要素として解析することができる．

8.4 ノードレス要素の関数の仮定法

8.4.1 ノードレス要素と変分法の関係

統一エネルギー原理から導出される変分方程式は3つの機能を完備している．統一エネルギー原理を固体力学に応用するときは3つの機能は下のように記述することができる．

(1) 変位境界条件の処理
(2) 力学的境界条件の処理
(3) 物体内部の平衡条件の処理

領域をノードレス要素に離散化するとき，それぞれの要素に固有の局所座標系を設け，要素ごとに異なる未定係数つきの多項式で関数を仮定する．どのノードレス要素も上の3つの機能を有するから，上の(1)の機能により隣接する要素どうしは境界上で変位が連続し，(2)の機能により境界上で応力が伝わるのである．

統一エネルギー原理を非構造分野の境界値問題に応用するときは3つの機能は下のように記述することができる．

(1) Dirichlet 条件の処理
(2) Neumann 条件の処理
(3) 領域内の条件の処理

固体力学問題の解析に用いるノードレス要素に対する関数の仮定と非構造境界値問題の解析用のノードレス要素に対する関数の仮定は異なるが，いずれも3つの機能は変分学の基本定理を用いて説明することができる．

変分法には次のような基本補助定理[50](fundamental lemma of the calculus of variations)とよばれる重要な定理がある．

基本補助定理 $\Phi(x)$ が $a \leq x \leq b$ において連続な関数であり，$\eta(x)$ は端点で $\eta(a) = 0, \eta(b) = 0$ となる十分に高階微分が可能な任意の関数に対して，

$$\int_a^b \Phi(x)\eta(x)\mathrm{d}x = 0 \tag{8.32}$$

が成り立つならば，$\Phi(x) = 0$ $(a \leq x \leq b)$ である．

8.4.2 固体力学問題の解析における関数仮定

固体力学問題の解析では通常，変位関数が仮定されたノードレス要素法を用いる．変形前の要素は図 8.2 の 2 つ三角形要素は共通の辺 $\overline{23}$ 上でつながっている．2 つの要素に別々の変位関数を与えると 2 つの要素は別々の変位が生じ，図 8.2 のように 2 つの要素は平面内で移動して離れ離れの状態になりうる．

流動座標 S の終点は，変形後それぞれ $\boldsymbol{u}(s), \bar{\boldsymbol{u}}(s)$ の変位を生じて要素間に図のような隙間が生じることになる．このために，8.2 節の平面応力解析では，式 (8.2), (8.3) のように，変位関数の中に剛体変位としての平行移動成分 u_0, v_0 と回転成分 r_0 を含める必要があった．

平面応力解析においては，上述の定理において，Φ のかわりに変位 $(u - \bar{u})$ を，η のかわりに境界力 δt_x と置き換えると，

$$\int_{L_{23}} (u - \bar{u})\delta t_x \mathrm{d}s = 0 \tag{8.33}$$

となる．同様な置き換えにより，

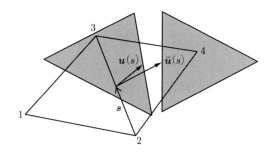

図 **8.2** 平面応力解析に用いるノードレス要素

$$\int_{L_{23}} (v - \bar{v})\delta t_y \mathrm{d}s = 0 \tag{8.34}$$

となる.境界力は変位よりも微分の可能性が 1 階低い関数であることと,境界力は s 座標の端点 (図 8.2 のコーナー 2, 3) で一般に 0 ではないことから,基本補助定理は厳密には成り立たないが,それでも近似式が得られるから,$u - \bar{u} \simeq 0, v - \bar{v} \simeq 0$ となる.すなわち,

$$u \simeq \bar{u}, \qquad v \simeq \bar{v} \tag{8.35}$$

となる.基本補助定理の $\eta(x)$ は高階微分の関数であるとする条件から,$\eta(x)$ が高次のべき関数を用いれば誤差が少なくなることは明らかである.固体力学問題のノードレス要素解析では通常,変位関数を仮定する.そうすると境界力は変位よりも低次の関数になる.基本補助定理において $\eta(x)$ に相当するのは境界力である.これが低次の変位関数を仮定するとノードレス要素どうしの変位の連続性が緩む原因になる[53].

次に,Φ のかわりに境界力 $t_{(x)}$ を,η のかわりに変位 δu に置き換えると,

$$\int_{L_{23}} (t_x - \bar{t}_x)\delta u \mathrm{d}s = 0 \tag{8.36}$$

が得られる.t_y と v に対しても同様な変分式が成り立つ.上の式から隣接する要素どうしの境界力の平衡条件を近似的に満たす効果があることも上の定理から明らかである.

上の説明により,節点もばねも使わないノードレス要素法の概念が明らかにされたと思われる.

8.4.3 非構造問題の解析における関数仮定

図 8.3 の △123 と △243 は辺 23 で隣接する 2 つの三角形要素を表すものとする.2 つの要素に対してそれぞれ独立な関数 $\varphi(x,y), \bar{\varphi}(x,y)$ をそれぞれ未定係数の付いた多項式として仮定する.図 8.3 ではこれらの関数値は未定であるが要素の平面上に垂直に描かれている.

図 8.3 のノードレス要素は要素内部の関数値が変化するだけであるから,図 8.2 の固体力学問題に用いるノードレス要素のように変形して離れ離れにはならない.

8.4 ノードレス要素の関数の仮定法

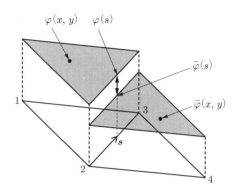

図 **8.3**　2 次元非構造問題の解析に使われるノードレス要素

図 8.3 のコーナー 2 を原点とする流動座標 s を設ける．要素どうしが隣接する辺上でそれぞれの関数を $\varphi(s), \bar{\varphi}(s)$ とする．別の高階微分が可能な関数を $\eta(s)$ とする．辺 $\overline{23}$ の長さを L_{23} とする．基本補助定理の $\Phi(x)$ を $\varphi(s) - \bar{\varphi}(s)$ に置き換えると次式が得られる．

$$\int_{L_{23}} [\varphi(s) - \bar{\varphi}(s)]\, \eta(s)\, \mathrm{d}s = 0 \tag{8.37}$$

上式から仮定された関数の未定係数に関する連立 1 次方程式をつくる．これを解けば上の定理から，理論上，

$$\varphi(s) - \bar{\varphi}(s) = 0, \qquad \therefore \varphi(s) = \bar{\varphi}(s) \tag{8.38}$$

となる．実際は $\eta(x)$ に必要な高階微分の条件を緩めざるをえないから上式は近似式になる．すなわち，$\varphi(s) \simeq \bar{\varphi}(s)$ となり，図 8.3 の隣接要素の辺に沿って，$\varphi(s)$ と $\bar{\varphi}(s)$ は微視的な食い違いが生じる．図 8.3 に示すように非構造問題の場合は，要素自体は変形も空間的な移動も生じないから，関数 $\varphi(x, y)$ の仮定に剛体変位を含める必要がないということになる．ただし，定数項は必要である．通常の 2 次元問題の場合，関数の仮定は次式のような有限項の多項式を用いる．

$$\varphi(x, y) = a_0 + a_1 x + a_2 y + a_3 x^2 + a_4 xy + a_5 xy^2 + \cdots \tag{8.39}$$

上式のような関数仮定により熱伝導解析あるいは電磁界解析などの主として非構造問題のノードレス要素解析が行える．5.3 節の Prandtl の薄膜相似理論による

棒のねじり解析では応力関数 (stress function) を用いるから，要素の剛体回転は存在しないので，式 (8.39) のような関数を仮定してノードレス要素解析が実行できる．6.2 節の平板の曲げのノードレス要素解析も要素の平面の垂直軸まわりの剛体回転を生じないから上式のようなたわみ関数を仮定してノードレス要素解析を行うことができる．

8.5 ノードレス要素解析のイメージ

図 8.4 の 5 要素モデルで平面問題のノードレス要素解析を行うことを想定する．e_i は要素番号を表す．要素 e_5 には円孔を仮定している．要素 e_5 のように辺の中間点の座標が必要になるので番号を付ける．また円孔の中心の座標も必要であるから番号を付ける．

統一エネルギー原理にもとづくノードレス要素法では，要素内の変位または応力の仮定は一般に，べき級数を用いる．仮定されたべき級数は未定係数ベクトルと座標成分を表すベクトルに分離すると，変位関数または応力関数はこれら 2 つのベクトルのスカラー積として表すことができる．節点法においては未定係数は節点変位に変換されるが，本書のノードレス要素法では定式化の最後まで未定係数はそのまま使われる．最終的にはすべての要素の未定係数に関する連立 1 次方程式を解くことになる．

それぞれの要素の特性は未定係数ベクトルとマトリックスで表すことができるので連立 1 次方程式は式 (8.30) に示すようにマトリックスとベクトルで記述される．これ以後，太字はベクトルまたはマトリックスを表すものとする．川井忠彦

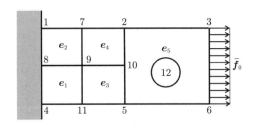

図 8.4 ノードレス要素法のイメージ

により未定係数は状態ベクトルとよばれた．要素 e_i の関数の状態ベクトルを $\boldsymbol{A}_i$ と表すと隣接要素どうしの関係はマトリックスとベクトルで記述することができる．図 8.4 において，要素 e_1 は要素 e_2 と要素 e_3 が隣接するので下の方程式が成り立つ．

$$\boldsymbol{M}_{11}\boldsymbol{A}_1 + \boldsymbol{M}_{12}\boldsymbol{A}_2 + \boldsymbol{M}_{13}\boldsymbol{A}_3 = \boldsymbol{0} \tag{8.40}$$

ここに，$\boldsymbol{A}_1$ は要素 e_1 の状態ベクトルである．$\boldsymbol{M}_{11}$ は正方マトリックスである．$\boldsymbol{A}_2$ は要素 e_2 の状態ベクトルを表す．ベクトル $\boldsymbol{A}_1$ と $\boldsymbol{A}_2$ の成分が同じであれば，$\boldsymbol{M}_{12}$ は $\boldsymbol{M}_{11}$ と同サイズのマトリックスになるが，$\boldsymbol{A}_1$ と $\boldsymbol{A}_2$ は同じ次元でなくてもよい．同じことは要素 e_3 の $\boldsymbol{A}_3$ にもいえる．なお，要素 e_1 に物体力が作用しなければ式 (8.40) の右辺はゼロベクトルになる．

状態ベクトル $\boldsymbol{A}_i$ とは，要素の変位を関数で表したときの未定係数のことである．すべての要素に同じ次数のべき関数を用いる必要はない．たとえば要素 e_5 は円孔があるから他の要素に比較して変位場は複雑になることが予想される．これを 1 つの要素で表すために他の要素に比較して，より高次の変位関数を仮定することができる．高次の変位関数を使えば少ない要素数でも高精度の解析ができることは，ノードレス要素法の重要な利点である．

通常の解析では，変位関数は領域内のすべての要素に対して同一の有限のべき級数を用いる．要素マトリックスを算出するときに線積分，面積積分，体積積分が使われる．これらの定積分を実行するために，要素のコーナーの座標が必要になるので番号を付ける．図 8.4 のようにコーナーのナンバーリングは自由である．

図 8.4 のすべての要素のマトリックス–ベクトル方程式をつくると下のようになる．

$$\boldsymbol{M}_{11}\boldsymbol{A}_1 + \boldsymbol{M}_{12}\boldsymbol{A}_2 + \boldsymbol{M}_{13}\boldsymbol{A}_3 = \boldsymbol{0} \tag{8.41a}$$

$$\boldsymbol{M}_{21}\boldsymbol{A}_1 + \boldsymbol{M}_{22}\boldsymbol{A}_2 + \boldsymbol{M}_{24}\boldsymbol{A}_4 = \boldsymbol{0} \tag{8.41b}$$

$$\boldsymbol{M}_{31}\boldsymbol{A}_1 + \boldsymbol{M}_{33}\boldsymbol{A}_3 + \boldsymbol{M}_{34}\boldsymbol{A}_4 + \boldsymbol{M}_{35}\boldsymbol{A}_5 = \boldsymbol{0} \tag{8.41c}$$

$$\boldsymbol{M}_{42}\boldsymbol{A}_2 + \boldsymbol{M}_{43}\boldsymbol{A}_3 + \boldsymbol{M}_{44}\boldsymbol{A}_4 + \boldsymbol{M}_{45}\boldsymbol{A}_5 = \boldsymbol{0} \tag{8.41d}$$

$$\boldsymbol{M}_{53}\boldsymbol{A}_3 + \boldsymbol{M}_{54}\boldsymbol{A}_4 + \boldsymbol{M}_{55}\boldsymbol{A}_5 = \boldsymbol{F}_5 \tag{8.41e}$$

上式をマトリックス–ベクトル表示すると下のようになる．

$$\begin{bmatrix} M_{11} & M_{12} & M_{13} & 0 & 0 \\ M_{21} & M_{22} & 0 & M_{24} & 0 \\ M_{31} & 0 & M_{33} & M_{34} & M_{35} \\ 0 & M_{42} & M_{43} & M_{44} & M_{45} \\ 0 & 0 & M_{53} & M_{54} & M_{55} \end{bmatrix} \begin{bmatrix} A_1 \\ A_2 \\ A_3 \\ A_4 \\ A_5 \end{bmatrix} = \begin{bmatrix} 0 \\ 0 \\ 0 \\ 0 \\ F_5 \end{bmatrix} \tag{8.42}$$

上式の係数行列は節点法のマトリックスと区別して川井により，システム–マトリックスと名付けられた．このまま，連立1次方程式として求解することができる．1要素ごとにシステム–マトリックスの1行が対応するので，システム–マトリックスを組み立てるときに FEM のようなマトリックスの成分の"重ね合せ"は必要でない．なお，要素マトリックスは境界条件を導入済みで算出するから，境界条件のための"マトリックス分割"も行う必要はない．

すべての状態ベクトル A_i ($i = 1, 2, \cdots 5$) が求まれば，要素内の変位と応力は座標 (x, y) の関数として表すことができる．

本節の要点をまとめると，「FEM の節点と節点の関係は，ノードレス要素法においては要素と要素の関係に対応する．FEM の要素剛性マトリックスの成分 k_{ij} は，ノードレス要素法における部分マトリックス M_{ij} に対応する」といえよう．

8.6 境界条件とマトリックスの種類

要素の辺の境界条件によって次のように現れるマトリックスが異なることを下に示す．

(1) 固定境界 C_u ($\bar{u} = \bar{v} = 0$)
    変分式：$\displaystyle\int_{C_u} \delta t_x(u - 0)\,\mathrm{d}C + \int_{C_u} \delta t_y(v - 0)\,\mathrm{d}C$
    生成するマトリックス：M_{ii}^{tu}, M_{ii}^{tv}

(2) 無応力境界 C_σ ($\bar{t}_x = \bar{t}_y = 0$)
    変分式：$\displaystyle\int_{C_\sigma} \delta u(t_x - 0)\,\mathrm{d}C + \int_{C_\sigma} \delta v(t_y - 0)\,\mathrm{d}C$
    生成するマトリックス：M_{ii}^{ut}, M_{ii}^{vt}

(3) 荷重境界 C_σ ($\bar{t}_x \neq 0$ または $\bar{t}_y \neq 0$)

変分式：$\int_{C_\sigma} \delta u(t_x - \bar{t}_x)\,\mathrm{d}C + \int_{C_\sigma} \delta v(t_y - 0)\,\mathrm{d}C$ または $\int_{C_\sigma} \delta u(t_x - 0)\,\mathrm{d}C$
 $+ \int_{C_\sigma} \delta v(t_y - \bar{t}_y)\,\mathrm{d}C$
生成するマトリックス：$M_{ii}^{ut}, M_{ii}^{vt}, M_{ij}^{ut}$ または M_{ij}^{vt}

(4) 内部境界 C_I ($\bar{u}, \bar{v}, \bar{t}_x, \bar{t}_y \neq 0$)
変分式：$\int_{C_u} \delta t_x(u - \bar{u})\,\mathrm{d}C + \int_{C_u} \delta t_y(v - \bar{v})\,\mathrm{d}C + \int_{C_\sigma} \delta u(t_x - \bar{t}_x)\,\mathrm{d}C$
 $+ \int_{C_\sigma} \delta v(t_y - \bar{t}_y)\,\mathrm{d}C$
生成するマトリックス：$M_{ii}^{tu}, M_{ii}^{tv}, M_{ii}^{ut}, M_{ii}^{vt}, M_{ij}^{tu}, M_{ij}^{tv}, M_{ij}^{ut}, M_{ij}^{vt}$
なお，$M_{ii}^{ut} = [M_{ii}^{tu}]^\mathsf{T}, M_{ii}^{vt} = [M_{ii}^{tv}]^\mathsf{T}$ である．

(5) x 方向フリー，y 方向ローラー支持 ($\bar{t}_x = \bar{v} = 0$)
変分式：$\int_{C_\sigma} \delta u(t_x - 0)\,\mathrm{d}C + \int_{C_u} \delta t_y(v - 0)\,\mathrm{d}C$
生成するマトリックス：M_{ii}^{ut}, M_{ii}^{tv}

(6) y 方向フリー，x 方向固定 ($\bar{t}_y = \bar{u} = 0$)
変分式：$\int_{C_\sigma} \delta v(t_y - 0)\,\mathrm{d}C + \int_{C_u} \delta t_x(u - 0)\,\mathrm{d}C$
生成するマトリックス：M_{ii}^{vt}, M_{ii}^{tu}

変位仮定に通常のべき級数 (非自己平衡変位関数) を使用するときは，M_{ii}^{qx}, M_{ii}^{qy} を導入することになる．なお，非自平衡変位関数とは，式 (8.23a), (8.23b) において，$Q_x(u_i) \neq 0, Q_y(u_i) \neq 0$ となるような変位関数である．

図 8.5 のモデルにより境界条件の例をに示す．図 8.5 の要素 e_1 の 3 つの辺を L_{45}, L_{51}, L_{14} と表せば，境界条件は次のようになる．

辺 L_{45}：無応力境界 C_σ ($\bar{t}_x = \bar{t}_y = 0$)

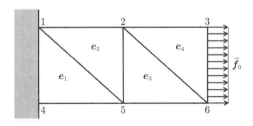

図 **8.5** 要素の境界条件

辺 L_{51}：内部境界 C_I $(\bar{u}, \bar{v}, \bar{t}_x, \bar{t}_y \neq 0)$

辺 L_{14}：固定境界 C_u $(\bar{u} = \bar{v} = 0)$

要素 e_1 のマトリックスは式 (8.28) の左列から，

$$M_{11} = (M_{L_{45}}^{ut} + M_{L_{45}}^{vt}) + (M_{L_{51}}^{ut} + M_{L_{51}}^{vt} + M_{L_{51}}^{tu} + M_{L_{51}}^{tv}) \\ + (M_{L_{14}}^{tu} + M_{L_{14}}^{tv}) - (M_{11}^{qx} + M_{11}^{qy}) \tag{8.43}$$

となり，式 (8.28) の右列から

$$M_{12} = -(M_{L_{51}}^{tu} + M_{L_{51}}^{tv}) + (M_{L_{51}}^{ut} + M_{L_{51}}^{vt}) \tag{8.44}$$

になる．式 (8.44) の右辺の 2 番目の括弧の前の符号が + になる理由は 8.8.2 項で説明する．

8.7 線積分に伴う座標変換

要素マトリックスを算出するときの線積分は要素の境界に沿って反時計回りに周回積分する．このとき要素の辺に沿う座標が必要になる．これを s 座標とよぶことにする．前節の要素マトリックス M_{ii} は注目要素の局所座標系のみで算出することができるが，式 (8.26) の $\bar{u}_i$ と $\bar{t}_i$ はそれぞれ隣接要素の変位と境界力であるから，式 (8.28) の M_{ij} を算出するときは，注目要素の局所座標系の他に，隣接要素の局所座標系も必要になる．

図 8.6 は要素と要素が境界辺で隣接するときの注目要素の局所座標系 (x, y 座標系) と隣接要素の局所座標系 ($\bar{x}, \bar{y}$ 座標系) と線積分のために共通に設けた s 座標との関係を表す．図 8.6 において，A, B, C, D は 2 つの三角形要素のコーナーを表す．G は要素 ABC の重心を表し，$\bar{G}$ は要素 ADB の重心を表す．大文字の記号は，全体座標系における位置ベクトルを表し，小文字は局所座標系における位置ベクトルを表す．s 座標系は，注目要素のそれぞれの辺上に設ける．通常，s 座標系の原点は注目要素の辺のコーナーにとる．図 8.6 の辺 $\overline{AB}$ に沿って線積分を行う場合，s 座標系の原点としてコーナー A の局所座標が必要になる．要素 e_1 の

8.7 線積分に伴う座標変換

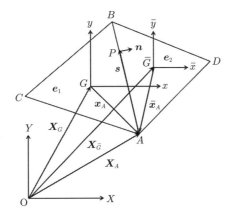

図 8.6　s 座標系と他の座標系の関係

局所座標系におけるコーナー A の座標をベクトル $\boldsymbol{x}_A = [x_A, y_A]$ で表す．図 8.6 の $\boldsymbol{x}_A$ は次式で算出される．

$$\boldsymbol{x}_A = \boldsymbol{X}_A - \boldsymbol{X}_G = \begin{bmatrix} X_A - X_G \\ Y_A - Y_G \end{bmatrix} \tag{8.45}$$

図 8.6 の $\boldsymbol{S}$ はベクトルである．線積分を扱いやすくするために，これを s (スカラー) と方向余弦で表す．方向余弦のとり方は 2 通り考えられる．1 つは $\boldsymbol{S}$ 自身の単位ベクトルを用いる方法である．もう 1 つは境界に垂直な外向き単位法線ベクトル (同図の $\boldsymbol{n}$) を用いる方法である．いずれを選んでもよいのであるが，注目要素の境界力を算出するときは $\boldsymbol{n}$ を用いるから，$\boldsymbol{n}$ を使うと線積分と境界力の取扱いを兼ねることができる．本書では，断らない限り $\boldsymbol{n}$ を利用する．いずれにしても，変位と境界力は局所座標 x, y で表すから，線積分を実行するために，x, y を s 座標に変換しなければならない．下に座標変換の方法を示す．

図 8.6 の $\overrightarrow{AP}$ を $\boldsymbol{S}$ で表し，$\overrightarrow{AP}$ 方向の単位ベクトルを $\boldsymbol{e}$ とする．$s = |\boldsymbol{S}|$ とすれば，

$$\boldsymbol{S} = s\boldsymbol{e} \tag{8.46}$$

となる．要素 e_1 の点 P における外向き単位法線ベクトルを $\boldsymbol{n} = [l, m]^\mathsf{T}$ と表すことにする．$\boldsymbol{e}$ は $\boldsymbol{n}$ を反時計方向に回転したベクトルに等しいから，

$$\boldsymbol{e} = \begin{bmatrix} \cos\frac{\pi}{2} & -\sin\frac{\pi}{2} \\ \sin\frac{\pi}{2} & \cos\frac{\pi}{2} \end{bmatrix} \begin{bmatrix} l \\ m \end{bmatrix} = \begin{bmatrix} -m \\ l \end{bmatrix} \tag{8.47}$$

となる．したがって，図 8.6 から，点 P の x, y 座標は下のようになる．

$$\begin{bmatrix} x \\ y \end{bmatrix} = s \begin{bmatrix} -m \\ l \end{bmatrix} + \begin{bmatrix} x_A \\ y_A \end{bmatrix} = \begin{bmatrix} x_A - ms \\ y_A + ls \end{bmatrix} \tag{8.48}$$

ノードレス要素法で平面応力問題を解析するときは，変位も境界力も x, y の関数で表されているから，線積分を行うときは x, y のそれぞれに式 (8.48) を代入して s に関して積分することになる．

8.8 平面問題における線積分の実行方法

8.8.1 荷重辺の線積分

図 8.5 の要素 e_4 の辺 $\overline{36}$ に局所座標系の x 方向に分布荷重 $\bar{f}_0 = 1$ を加えたとすると，固定端の影響を無視すればそれぞれの要素内に生じる応力は $\sigma_x = 1, \sigma_y = 0, \tau_{xy} = 0$ になることは自明である．辺 $\overline{36}$ の単位法線ベクトル $\boldsymbol{n}$ と $\bar{f}_0$ の向きは同一で，x 軸の正方向である．この場合，荷重辺の線積分は下のようになる．

$$\int_{C_\sigma} \delta u(t_x - \bar{f}_0) \, dC + \int_{C_\sigma} \delta v(t_y - 0) \, dC \tag{8.49}$$

次に要素 e_3 の辺 $\overline{25}$ に生じる境界力は式 (8.19) から

$$\begin{bmatrix} t_x \\ t_y \end{bmatrix} = \begin{bmatrix} \sigma_x & \tau_{xy} \\ \tau_{xy} & \sigma_y \end{bmatrix} \begin{bmatrix} l \\ m \end{bmatrix} = \begin{bmatrix} 1 & 0 \\ 0 & 0 \end{bmatrix} \begin{bmatrix} -1 \\ 0 \end{bmatrix} = \begin{bmatrix} -1 \\ 0 \end{bmatrix} \tag{8.50}$$

になる．すなわち，境界力は面の方向を表す $\boldsymbol{n}$ によって変化することがわかる．

8.8.2 内部境界の線積分

図 8.7 の要素 e_2 の辺 $\overline{25}$ の境界力に関する線積分を考えよう．

要素どうしの境界を内部境界とよぶことにする．図 8.7 から内部境界における境界力の線積分は，次式のように隣接要素の境界力の符号を $+$ にしなければなら

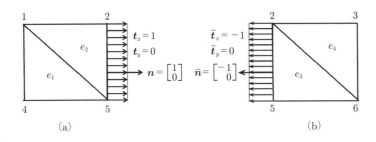

図 **8.7** 内部境界における境界力の平衡

ないことがわかる.

$$\int_{C_\sigma} \delta u(t_x + \bar{t}_x)\,\mathrm{d}C + \int_{C_\sigma} \delta v(t_y + \bar{t}_y)\,\mathrm{d}C \tag{8.51}$$

上式は,隣接要素どうしの境界力のベクトルとしての和がゼロであること,すなわち平衡条件を表している.なお,変位は辺の向きに関係しない量であるから線積分における符号は原式どおりである.

8.9 ノードレス要素マトリックスの特徴

ノードレス要素法による固体力学の解析では,変位関数のなかに剛体変位成分を含めることはすでに述べた.変位関数に低次のべき級数を用いるとき,剛体変位は数値計算の安定性に影響を及ぼすことがある.

8.4 節にノードレス要素法では高階微分が可能な関数を仮定する背景を説明した.2 次式以内の低次の変位関数を用いて解析する場合は,下に示される方法で領域内のすべての要素に対して剛体変位に対する正則化を施す必要がある.

はじめに,この問題を簡潔に表すために,平面応力の要素マトリックスを算出して剛体変位とマトリックスの成分の関係を観察しよう.8.2 節の記号を用いて 1 次式の変位関数を仮定し要素マトリックスを作成する.

図 8.8 の要素 e_1 のようにすべての境界が隣接要素に囲まれている要素を内部要素とよぶことにする.ここで,内部要素 e_1 の要素マトリックスを算出しよう.簡単化するために,変位関数を 1 次式として,物体力 $\bar{p}_i$ も 0 とする.このとき,

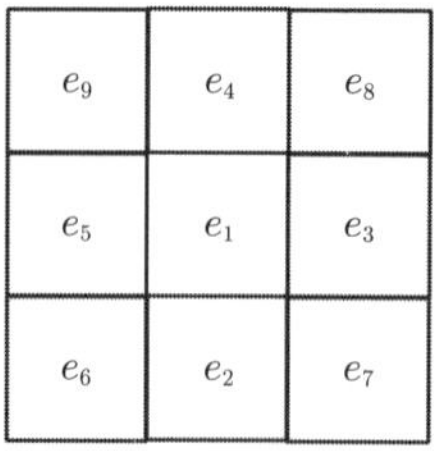

図 **8.8** 内部要素 e_1

すべての応力成分は定数になるから式 (8.23) の $\boldsymbol{Q}_x, \boldsymbol{Q}_y$ はそれぞれ 0 になる．したがって，統一エネルギー原理の変分方程式は，

$$\int_{C_u}(u-\bar{u})\delta t_x\,\mathrm{d}C + \int_{C_u}(v-\bar{v})\delta t_y\,\mathrm{d}C$$
$$+ \int_{C_\sigma}(t_x-\bar{t}_x)\delta u\,\mathrm{d}C + \int_{C_\sigma}(t_y-\bar{t}_y)\delta v\,\mathrm{d}C = 0 \qquad (8.52)$$

となる．変位関数は下のように仮定する．

$$u = u_0 - r_0 y + e_x x + e_{xy} y \qquad (8.53)$$
$$v = v_0 + r_0 x + e_y y + e_{xy} x \qquad (8.54)$$

ここに，u_0, v_0, r_0 はそれぞれ x 方向，y 方向の剛体変位を表し，r_0 は z 軸まわりの剛体回転を表す．上式を未定係数ベクトルと座標関係ベクトルに分離して下のように記号化する．

$$u = \boldsymbol{N}_x \boldsymbol{A}_e \qquad (8.55a)$$
$$v = \boldsymbol{N}_y \boldsymbol{A}_e \qquad (8.55b)$$

ここに

$$\boldsymbol{N}_x = [1, 0, -y, x, 0, y] \qquad (8.56a)$$
$$\boldsymbol{N}_y = [0, 1, x, 0, y, x] \qquad (8.56b)$$
$$\boldsymbol{A}_e = [u_0, v_0, r_0, e_x, e_y, e_{xy}]^\mathsf{T} \qquad (8.57)$$

である．また，$\bm{A}_e$ は未定係数のベクトル表示である．上の変位関数から，境界力を導くと次式を得る．

$$t_x = \bm{T}_x \bm{A}_e \tag{8.58a}$$

$$t_y = \bm{T}_y \bm{A}_e \tag{8.58b}$$

ここに，

$$\bm{T}_x = [0, 0, 0, k_1 l, k_2 l, k_3 m] \tag{8.59a}$$

$$\bm{T}_y = [0, 0, 0, k_2 m, k_1 m, k_3 l] \tag{8.59b}$$

$$k_1 = \frac{E}{1-\nu^2}, \qquad k_2 = \frac{\nu E}{1-\nu^2}, \qquad k_3 = \frac{E}{2(1+\nu)}$$

ただし，E は縦弾性係数，ν はポアソン比，l, m はそれぞれ境界上の外向き法線の方向余弦である．要素 e_1 の縦，横の辺の長さはそれぞれ a, b の長方形とする．内部要素のすべての辺は，変位境界 C_u かつ応力境界 C_σ であることに注意して内部要素 e_1 の周回積分を実行すると次式が得られる．

$$\delta \bm{A}_1^\mathsf{T} (\bm{M}_{11} \bm{A}_1 - \bm{M}_{12} \bm{A}_2 - \bm{M}_{13} \bm{A}_3 - \bm{M}_{14} \bm{A}_4 - \bm{M}_{15} \bm{A}_5) = 0 \tag{8.60}$$

ここに，$\bm{M}_{11}$ は下の積分に対応する要素 e_1 の要素マトリックスである．下に要素 e_1 のマトリックスと積分の関係を表す．

$$\delta \bm{A}_1^\mathsf{T} \bm{M}_{11} \bm{A}_1 = \oint_{C_u} u\,\delta t_x\,\mathrm{d}C + \oint_{C_u} v\,\delta t_y\,\mathrm{d}C \\ + \oint_{C_\sigma} t_x\,\delta u\,\mathrm{d}C + \oint_{C_\sigma} t_y\,\delta v\,\mathrm{d}C \tag{8.61}$$

要素マトリックス $\bm{M}_{11}$ の成分は下のようになる．

$$\bm{M}_{11} = \frac{2abE}{1-\nu^2}\begin{bmatrix} 0 & 0 & 0 & 0 & 0 & 0 \\ 0 & 0 & 0 & 0 & 0 & 0 \\ 0 & 0 & 0 & 0 & 0 & 0 \\ 0 & 0 & 0 & 1 & \nu & 0 \\ 0 & 0 & 0 & \nu & 1 & 0 \\ 0 & 0 & 0 & 0 & 0 & 1-\nu \end{bmatrix} \tag{8.62}$$

式 (8.62) に示す要素マトリックスの第 1 行から第 3 行目まで，第 1 列–第 3 列目までは，それぞれ，剛体変位 u_0, v_0, r_0 に対応する行または列である．変位関数を 2 次式以上のべき級数にしてもマトリックスのサイズは大きくなるが，左上 3 行 3 列の成分 (合計 9 成分) は常にゼロになる．このため，要素マトリックスが特異 (singular) となり，これがノードレス要素の剛体変位に対する正則化が必要になる理由である．

そこで，ノードレス要素に微小剛体変位を与えても要素のエネルギーの増減に関与しないことを考慮した剛体変位に対する正則化手法を紹介する．

剛体変位に関する変位関数を

$$u_G = \boldsymbol{N}_x^G \boldsymbol{A}_e, \qquad v_G = \boldsymbol{N}_y^G \boldsymbol{A}_e \tag{8.63}$$

とする．ここに，

$$\boldsymbol{N}_x^G = [1, 0, -y, 0, 0, 0] \tag{8.64}$$

$$\boldsymbol{N}_y^G = [0, 1, x, 0, 0, 0] \tag{8.65}$$

である．ここで，注目要素に微小な剛体変位を与えて隣接要素との辺に生じる隙間をゼロにすることを考える．これを変分式で表すと次のようになる．

$$P_G \oint_{C_u} (u_G - \bar{u}_G) \delta u_G \, dC + P_G \oint_{C_v} (v_G - \bar{v}_G) \delta v_G \, dC = 0 \tag{8.66}$$

上式を用いて図 8.8 の要素 e_1 に関して周回積分を行うと次式を得る．

$$\delta \boldsymbol{A}_1^\mathsf{T} (\boldsymbol{M}_{11}^G \boldsymbol{A}_1 - \boldsymbol{M}_{12}^G \boldsymbol{A}_2 - \boldsymbol{M}_{13}^G \boldsymbol{A}_3 - \boldsymbol{M}_{14}^G \boldsymbol{A}_4 - \boldsymbol{M}_{15}^G \boldsymbol{A}_5) = 0 \tag{8.67}$$

上式の中の $\boldsymbol{M}_{11}^G$ は全体システム–マトリックスの中の対角部分マトリックスであり，$\boldsymbol{M}_{12}^G$ 他は非対角部分マトリックスである．下に長方形要素の $\boldsymbol{M}_{11}^G$ の成分を示す．

$$\boldsymbol{M}_{11}^G = P_G \begin{bmatrix} 2L & 0 & 0 & 0 & 0 & 0 \\ 0 & 2L & 0 & 0 & 0 & 0 \\ 0 & 0 & L^3/6 & 0 & 0 & 0 \\ 0 & 0 & 0 & 0 & 0 & 0 \\ 0 & 0 & 0 & 0 & 0 & 0 \\ 0 & 0 & 0 & 0 & 0 & 0 \end{bmatrix}, \qquad (L = a + b) \tag{8.68}$$

ここに，P_G は数値計算の有効桁数を整えるための係数であり，通常，縦弾性係数を与えるとよい．式 (8.62) と式 (8.68) を加えると次のマトリックスが得られる．

$$\boldsymbol{M}_{11}+\boldsymbol{M}_{11}^G = E \begin{bmatrix} 2L & 0 & 0 & 0 & 0 & 0 \\ 0 & 2L & 0 & 0 & 0 & 0 \\ 0 & 0 & L^3/6 & 0 & 0 & 0 \\ 0 & 0 & 0 & K & \nu K & 0 \\ 0 & 0 & 0 & \nu K & K & 0 \\ 0 & 0 & 0 & 0 & 0 & (1-\nu)K \end{bmatrix}, \quad \left(K = \frac{2ab}{1-\nu^2}\right) \tag{8.69}$$

上のマトリックスは正則である．

次に，図 8.8 の注目要素 e_1 と隣接要素 e_2 の剛体変位の関係マトリックス $\boldsymbol{M}_{12}^G$ を算出する方法を述べる．

$$-P_G \left(\int_{C_u} \bar{u}_G \, \delta u_G \, \mathrm{d}C + \int_{C_u} \bar{v}_G \, \delta v_G \, \mathrm{d}C \right) \tag{8.70}$$

上式から $\boldsymbol{M}_{12}^G$ を算出するために，下の隣接要素の剛体変位の局所座標を表すベクトルが必要になる．

$$\boldsymbol{N}_x^G = [1, 0, -\bar{y}, 0, 0, 0] \tag{8.71}$$

$$\boldsymbol{N}_y^G = [0, 1, \bar{x}, 0, 0, 0] \tag{8.72}$$

となる．注目要素 e_1 の局所座標 (x,y) と隣接要素 e_2 の局所座標 $(\bar{x},\bar{y})$ を s 座標変換して要素どうしの接触部の長さの定積分を実行することにより $\boldsymbol{M}_{12}^G$ が求まる．

8.10　システム–マトリックスの作成

ノードレス要素法の連立 1 次方程式をマトリックス形式にしたものをシステム–マトリックスとよんでいる．

図 8.9 のシステム–マトリックスを作成しよう．要素 e_1, e_2 はそれぞれ辺の横の長さが a の縦の長さが b の長方形とする．要素 e_1 の 4 つの辺を記号

$$L_{12}, \quad L_{25}, \quad L_{54}, \quad L_{41}$$

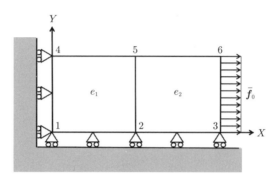

図 8.9　2 要素平面モデルの引張り

で表すと，境界条件および辺に外向法線の方向余弦 (l, m) は次のようになる．

$$\text{辺 } L_{12} : \bar{v} = 0, \bar{t}_x = 0 \qquad\qquad l = 0, m = -1$$
$$\text{辺 } L_{25} : u = \bar{u}, t_x = -\bar{t}_x, v = \bar{v}, t_y = -\bar{t}_y \quad l = 1, m = 0$$
$$\text{辺 } L_{54} : \bar{t}_x = 0, \bar{t}_y = 0 \qquad\qquad l = 0, m = 1$$
$$\text{辺 } L_{41} : \bar{u} = 0, \bar{t}_y = 0 \qquad\qquad l = -1, m = 0$$

要素 e_1 に上の境界条件を代入すると変分方程式は次のようになる．

$$\begin{aligned}
&\int_{L_{12}} v\,\delta t_y\,\mathrm{d}C + \int_{L_{12}} t_x\,\delta u\,\mathrm{d}C + \int_{L_{25}} (u - \bar{u})\,\delta t_x\,\mathrm{d}C \\
&+ \int_{L_{25}} (v - \bar{v})\,\delta t_y\,\mathrm{d}C + \int_{L_{25}} (t_x + \bar{t}_x)\,\delta u\,\mathrm{d}C + \int_{L_{25}} (t_y + \bar{t}_y)\,\delta v\,\mathrm{d}C \\
&+ \int_{L_{54}} t_x\,\delta u\,\mathrm{d}C + \int_{L_{54}} t_y\,\delta v\,\mathrm{d}C + \int_{L_{41}} u\,\delta t_x\,\mathrm{d}C + \int_{L_{41}} t_y\,\delta v\,\mathrm{d}C = 0
\end{aligned}$$
(8.73)

前節で示したように上式から

$$\boldsymbol{M}_{11}\boldsymbol{A}_1 + \boldsymbol{M}_{12}\boldsymbol{A}_2 = 0 \tag{8.74}$$

が得られる．

次に上式のマトリックス $\boldsymbol{M}_{11}$ と $\boldsymbol{M}_{12}$ の算出方法を述べる．ただし，線積分の実行は紙面の都合により式 (8.73) の一部に留める．式 (8.73) の 2 行目の $\bar{t}_x, \bar{t}_y$ は隣接要素の境界力であるから，8.8.2 項に述べたように符号は + になる．

M_{11} の算出方法を説明する．一例として上式の 1 行目の 1 番目の積分の実行方法を下に示す．式 (8.28d) の左列から，

$$M_{L_{12}}^{tv} = \int_{L_{12}} T_y^{\mathsf{T}} \cdot N_y \, dC \tag{8.75}$$

となる．上式の被積分項のベクトルに式 (8.56b), (8.59b) を代入すると次のようになる．

$$M_{L_{12}}^{tv} = \int_{L_{12}} \begin{bmatrix} 0 & 0 & 0 & 0 & 0 & 0 \\ 0 & 0 & 0 & 0 & 0 & 0 \\ 0 & 0 & 0 & 0 & 0 & 0 \\ 0 & mk_2 & mk_2 x & 0 & mk_2 y & mk_2 x \\ 0 & mk_1 & mk_1 x & 0 & mk_1 y & mk_1 x \\ 0 & lk_3 & lk_3 x & 0 & lk_3 y & lk_3 x \end{bmatrix} dC \tag{8.76}$$

なお，$M_{L_{12}}^{tv}$ と $M_{L_{12}}^{vt}$ とは互いに転置マトリックスの関係がある．同様に，$M_{L_{12}}^{tu}$ と $M_{L_{12}}^{ut}$ も互いに転置マトリックスの関係であるから実際に積分するのは一方のみでよい．

$1 \to 2$ の線積分の実行は次のようにする．要素 e_1 の全体座標における重心を $X_0^{e_1}$，コーナー 1 の全体座標を (X_1, Y_1) とすると，コーナー 1 の局所座標は式 (8.45) から，

$$x_1 = X_1 - X_0^{e_1} = \begin{bmatrix} -a/2 \\ -a/2 \end{bmatrix} \tag{8.77}$$

になる．式 (8.48) により s 座標に変換すると

$$\begin{bmatrix} x \\ y \end{bmatrix} = \begin{bmatrix} -a/2 \\ -a/2 \end{bmatrix} + s \begin{bmatrix} -m \\ l \end{bmatrix} = \begin{bmatrix} -a/2 - ms \\ -a/2 + ls \end{bmatrix} \tag{8.78}$$

になる．式 (8.78) を式 (8.76) に代入し，dC を ds に替え，s に関して辺の長さの定積分を実行する．このとき，辺 L_{12} の外向き法線の方向余弦と s 座標変換に用いた方向余弦は同一であるから下のマトリックスが得られる．

$$\boldsymbol{M}_{L_{12}}^{tv} = \begin{bmatrix} 0 & 0 & 0 & 0 & 0 & 0 \\ 0 & 0 & 0 & 0 & 0 & 0 \\ 0 & 0 & 0 & 0 & 0 & 0 \\ 0 & -ak_2 & 0 & 0 & a^2k_2/2 & 0 \\ 0 & -ak_1 & 0 & 0 & a^2k_1/2 & 0 \\ 0 & 0 & 0 & 0 & 0 & 0 \end{bmatrix} \tag{8.79}$$

要素 e_1 の他の 3 辺も同様な方法で線積分を実行して加える．注目要素の要素マトリックスは下のようになる．

$$\boldsymbol{M}_{11} = \begin{bmatrix} 0 & 0 & 0 & bk_1 & bk_2 & 0 \\ 0 & 0 & 0 & ak_2 & ak_1 & 0 \\ 0 & 0 & 0 & 0 & 0 & 0 \\ 0 & -ak_2 & 0 & 3abk_1/2 & abk_2 & 0 \\ 0 & -ak_1 & 0 & 3abk_2/2 & abk_1 & 0 \\ 0 & 2bk_3 & abk_3 & 0 & 0 & 5abk_3 \end{bmatrix} \tag{8.80}$$

次に要素 e_1 と要素 e_2 の境界力に関する線積分の実行方法を述べる．一例として式 (8.73) の 2 行目の次の積分をとりあげることにする．

$$\int_{L_{25}} \bar{t}_x \, \delta u \, \mathrm{d}C \tag{8.81}$$

上式から得られるマトリックスは式 (8.28) の右列から

$$\boldsymbol{M}_{L_{25}}^{ut} = \int_{C_\sigma} \boldsymbol{N}_x^\mathsf{T} \cdot \bar{\boldsymbol{T}}_x \, \mathrm{d}C \tag{8.82}$$

になる．$2 \to 5$ の線積分は次のようにする．

図 8.10 に示すように，上式の被積分の $\boldsymbol{N}_x^\mathsf{T}$ は要素 e_1 の局所座標 $\boldsymbol{x}$ で表し，$\bar{\boldsymbol{T}}_x$ は要素 e_2 の局所座標 $\bar{\boldsymbol{x}}$ で表す．線積分の s 座標は要素 e_1 の辺 L_{25} と要素 e_2 の辺 L_{25} に，同じ方向余弦 $\boldsymbol{n}$ を用いる．8.8.2 項で示したように境界力 $\bar{\boldsymbol{T}}_x$ は要素 e_2 の辺 L_{25} の外向き方向余弦 $\bar{\boldsymbol{n}}$ で表さなければならない．要素 e_1 の全体座標における重心を $\boldsymbol{X}_0^{e_1}$，要素 e_2 の全体座標における重心を $\boldsymbol{X}_0^{e_2}$，コーナー 2 の全体座標を (X_2, Y_2) とすると，コーナー 2 の局所座標 $\boldsymbol{x}_2$ および $\bar{\boldsymbol{x}}_2$ は式 (8.45) から，

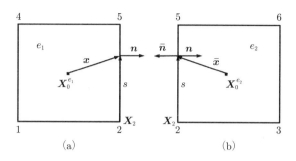

図 **8.10** 要素 e_1 の辺 L_{25} 上の線積分

$$\boldsymbol{x}_2 = \boldsymbol{X}_2 - \boldsymbol{X}_0^{e_1} = \begin{bmatrix} a/2 \\ -a/2 \end{bmatrix} \tag{8.83}$$

$$\bar{\boldsymbol{x}}_2 = \boldsymbol{X}_2 - \boldsymbol{X}_0^{e_2} = \begin{bmatrix} -a/2 \\ -a/2 \end{bmatrix} \tag{8.84}$$

となる.したがって,式 (8.48) から,要素 e_1 と要素 e_2 の局所座標 $\boldsymbol{x}$ および $\bar{\boldsymbol{x}}$ は下のようになる.

$$\begin{bmatrix} x \\ y \end{bmatrix} = \begin{bmatrix} x_2 \\ y_2 \end{bmatrix} + s \begin{bmatrix} -m \\ l \end{bmatrix} = \begin{bmatrix} a/2 - ms \\ -a/2 + ls \end{bmatrix} \tag{8.85}$$

$$\begin{bmatrix} \bar{x} \\ \bar{y} \end{bmatrix} = \begin{bmatrix} \bar{x}_2 \\ \bar{y}_2 \end{bmatrix} + s \begin{bmatrix} -m \\ l \end{bmatrix} = \begin{bmatrix} -a/2 - ms \\ -a/2 + ls \end{bmatrix} \tag{8.86}$$

式 (8.82) の被積分項の $\boldsymbol{N}_x^{\mathsf{T}}, \bar{\boldsymbol{T}}_x$ は,それぞれ式 (8.56a), (8.59a) から

$$\boldsymbol{N}_x^{\mathsf{T}} = [1, 0, -y, x, 0, y]^{\mathsf{T}} \tag{8.87}$$

$$\bar{\boldsymbol{T}}_x = [0, 0, 0, k_1 \bar{l}, k_2 \bar{l}, k_3 \bar{m}] \tag{8.88}$$

となる.ここに,

8　統一エネルギー原理にもとづくノードレス要素のつくり方

$$\boldsymbol{n} = \begin{bmatrix} l \\ m \end{bmatrix} = \begin{bmatrix} 1 \\ 0 \end{bmatrix} \tag{8.89}$$

$$\bar{\boldsymbol{n}} = \begin{bmatrix} \bar{l} \\ \bar{m} \end{bmatrix} = \begin{bmatrix} -1 \\ 0 \end{bmatrix} \tag{8.90}$$

である．式 (8.85)–(8.90) を式 (8.82) に代入し，s に関して辺の長さ b の定積分を実行する．

次に

$$\boldsymbol{M}_{L_{25}}^{vt} = \int_{C_\sigma} \boldsymbol{N}_y^\mathsf{T} \cdot \bar{\boldsymbol{T}}_y \, \mathrm{d}C \tag{8.91}$$

の算出も同様に実行することができる．

次に，式 (8.73) の 1 行目の

$$-\int_{L_{25}} \bar{u}\, \delta t_x \, \mathrm{d}C - \int_{L_{25}} \bar{v}\, \delta t_y \, \mathrm{d}C \tag{8.92}$$

の線積分の方法のみを示す．t_x と t_y はそれぞれ要素 e_1 の辺 L_{25} の境界力を表し，$\bar{u}$ と $\bar{v}$ はそれぞれ要素 e_2 の辺 L_{25} の変位を表す．$t_x, t_y, \bar{u}, \bar{v}$ のそれぞれの方向は要素 e_1 の辺 L_{25} における外向き法線のそれぞれの方向余弦に一致するから式 (8.92) の符号は変わらない．次式は，式 (8.82) と式 (8.91) と式 (8.92) から算出されたマトリックスの和である．

$$\begin{aligned}
& \boldsymbol{M}_{L_{25}}^{ut} + \boldsymbol{M}_{L_{25}}^{vt} + \boldsymbol{M}_{L_{25}}^{tu} + \boldsymbol{M}_{L_{25}}^{tv} \\
& = b \begin{bmatrix}
0 & 0 & 0 & -k_1 & -k_2 & 0 \\
0 & 0 & 0 & 0 & 0 & -2k_3 \\
0 & 0 & 0 & 0 & 0 & -bk_3 \\
-k_1 & 0 & 0 & 0 & -bk_2/2 & 0 \\
-k_2 & 0 & 0 & bk_2/2 & 0 & 0 \\
0 & -2k_3 & bk_3 & 0 & 0 & 0
\end{bmatrix}
\end{aligned} \tag{8.93}$$

なお，要素 e_1 の隣接要素は要素 e_2 のみであるから，

$$\boldsymbol{M}_{12} = \boldsymbol{M}_{L_{25}}^{ut} + \boldsymbol{M}_{L_{25}}^{vt} + \boldsymbol{M}_{L_{25}}^{tu} + \boldsymbol{M}_{L_{25}}^{tv} \tag{8.94}$$

となる．

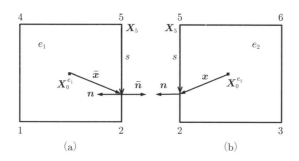

図 **8.11** 要素 e_2 の辺 L_{52} 上の線積分

要素 e_2 に関する変分方程式は

$$\int_{L_{23}} v\,\delta t_y\,\mathrm{d}C + \int_{L_{23}} t_x\,\delta u\,\mathrm{d}C + \int_{L_{36}} (t_x - \bar{f}_0)\,\delta u\,\mathrm{d}C + \int_{L_{36}} t_y\,\delta v\,\mathrm{d}C$$
$$+ \int_{L_{65}} t_x\,\delta u\,\mathrm{d}C + \int_{L_{65}} t_y\,\delta v\,\mathrm{d}C + \int_{L_{52}} (u - \bar{u})\,\delta t_x\,\mathrm{d}C + \int_{L_{52}} (v - \bar{v})\,\delta t_y\,\mathrm{d}C$$
$$+ \int_{L_{52}} (t_x + \bar{t}_x)\,\delta u\,\mathrm{d}C + \int_{L_{52}} (t_y + \bar{t}_y)\,\delta v\,\mathrm{d}C = 0 \tag{8.95}$$

になる．上式の1行目の3番目の被積分項中，$\bar{f}_0$ に前置する負符号は，辺 L_{36} の外向法線の方向余弦と分布荷重 $\bar{f}_0$ の方向が一致するからである．式 (8.95) から要素 e_2 の方程式として，

$$\boldsymbol{M}_{22}\boldsymbol{A}_2 + \boldsymbol{M}_{21}\boldsymbol{A}_1 = \boldsymbol{F}_2 \tag{8.96}$$

が得られることは明らかである．$\boldsymbol{M}_{22}$ と $\boldsymbol{M}_{21}$ の算出方法は要素 e_1 と同様であるから省略する．$\boldsymbol{M}_{21}$ を算出するときの辺 L_{52} の方向余弦を図 8.11 に示す．

式 (8.96) の右辺の荷重ベクトルは，

$$\boldsymbol{F}_2 = \int_{L_{36}} \boldsymbol{N}_x^\mathsf{T} \bar{f}_0\,\mathrm{d}C = \left[b\bar{f}_0, 0, 0, \frac{1}{2}ab\bar{f}_0, 0, 0\right]^\mathsf{T} \tag{8.97}$$

となる．

式 (8.74), (8.96) から図 8.9 の2要素モデルのマトリックス方程式は下のようになる．

$$\begin{bmatrix} \boldsymbol{M}_{11} & \boldsymbol{M}_{12} \\ \boldsymbol{M}_{21} & \boldsymbol{M}_{22} \end{bmatrix} \begin{bmatrix} \boldsymbol{A}_1 \\ \boldsymbol{A}_2 \end{bmatrix} = \begin{bmatrix} 0 \\ \boldsymbol{F}_2 \end{bmatrix} \tag{8.98}$$

式 (8.80) を見れば上式の対角部分マトリックス M_{11}, M_{22} は特異であることがわかる．したがって，数値計算を実行するときは式 (8.98) に 8.9 節の後半に示した剛体変位の正則化を施す必要がある．

9 解析事例

9章では主として,川井忠彦が統一エネルギー原理の開発過程で扱った代表的な事例について,基本的な定式化とともに,計算結果を提示する.

9.1 平面応力問題の解析例

図 9.1 に示す円孔付正方形板を対象とした平面応力問題の解析例を示す.平面応力問題の定式化は前章に述べたとおりである.対称性を利用して 1/4 領域を図 9.2 のように 4 辺形要素で分割した.計算条件として,変位関数は u, v とも 3 次式を用いた.平板の形状は $a = 0.5\,\mathrm{m}$, $r = 0.2\,\mathrm{m}$, $S = 1\,\mathrm{MPa}$ で,材料定数はヤング率 $200\,\mathrm{GPa}$,ポアソン比 0.3 とした.

この問題は点 A に応力集中が生じ,また,同図の点 B に最大の水平変位が生じる.これらの点の応力あるいは変位が要素分割数とともにどのように変化する

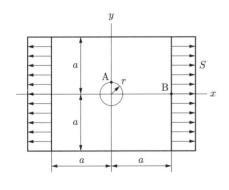

図 **9.1** 平面応力問題の解析

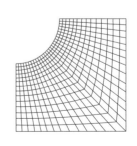

図 **9.2** 要素分割パターン

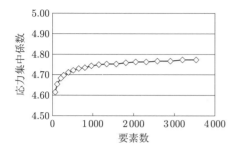
図 9.3 応力集中係数の収束性

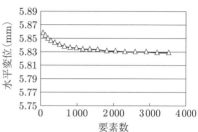
図 9.4 点 B の水平変位の収束性

かをグラフで示した．図 9.3 は点 A の接線方向の応力すなわち応力集中係数の収束性を，図 9.4 は点 B の水平変位 (単位 mm) の収束性を表す．これらのグラフから要素分割数に対して，応力は単調増加，変位は単調減少で収束することがわかる．

9.2　不整合メッシュ分割による平面応力問題の解析例

図 9.5 のような要素分割を FEM の要素分割と区別するために不整合メッシュ分割と称した．図 9.5 は左端が固定され，右端にせん断荷重が加わる片持ち矩形板を示す．

矩形板の形状は 縦 × 横 $= 0.6\,\mathrm{m} \times 1.2\,\mathrm{m}$ である．縦方向の分割数は固定端側から 64, 32, 16, 8, 4, 2, 1 とし，総要素数は 127 である．矩形板の右端に 58.84 kN 相当の放物線状の下向きせん断分布荷重を加えた．材料定数はヤング率 196 GPa,

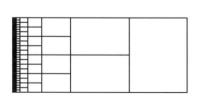
図 9.5　片持ち矩形版のメッシュ分割

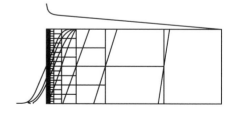
図 9.6　応力 σ_x 分布

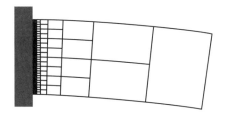

図 9.7 片持ち矩形板の変形

ポアソン比 0.3 とし,変位関数は u,v ともに 3 次式を用いた.

図 9.6 に矩形板の上縁に沿っての応力 σ_x 分布と,矩形板の垂直方向の分割線に沿っての応力 σ_x 分布を示す.矩形板の上縁の固定端との付け根に $\sigma_x = 2.02\,\mathrm{GPa}$ (はりの曲げ応力の 1.716 倍) が生じた.上縁の付け根近傍以外の σ_x は,はり理論の曲げ応力にほぼ等しい数値になった.荷重辺の中点の垂直方向の変位 11.36 mm (はり理論の最大たわみの 1.18 倍) が生じた.図 9.7 にその変形図を示す.

9.3 角棒のねじり剛性解析

5.3 節の Prandtl の薄膜相似理論 (theory of membrane analogy) にしたがって,ノードレス要素法により棒のねじり解析を行った.棒のコンプリメンタリーエネルギー[51] と応力関数の関係を記述するために,5.3 節のねじりの応力関数 $F(x,y)$ を下のように置き換える.

$$F(x,y) = G\theta\phi(x,y) \tag{9.1}$$

棒のせん断応力は次式で与えられる.

$$\tau_{xz} = G\theta\frac{\partial \phi}{\partial y}, \qquad \tau_{yz} = -G\theta\frac{\partial \phi}{\partial x} \tag{9.2}$$

ここに,G はせん断弾性係数,θ はねじり率である.

単位長さあたりの棒のコンプリメンタリーエネルギーは次式で表せる.

$$\Pi^* = \frac{G\theta^2}{2}\int_A \left[\left(\frac{\partial \phi}{\partial x}\right)^2 + \left(\frac{\partial \phi}{\partial y}\right)^2\right]\mathrm{d}A - G\theta^2\int_A 2\phi\,\mathrm{d}A \tag{9.3}$$

統一エネルギー原理では2倍のコンプリメンタリーエネルギーで表すから，上式に相当する統一エネルギー原理の汎関数は下のようになる．

$$\Pi_t(\phi, \phi_n) = G\theta^2 \left\{ \int_A \left[\left(\frac{\partial \phi}{\partial x}\right)^2 + \left(\frac{\partial \phi}{\partial y}\right)^2 \right] dA - \int_A 2\phi \, dA \right.$$
$$\left. - \int_C \phi_n \bar{\phi} \, dC - \int_C \phi \bar{\phi}_n \, dC \right\} \tag{9.4}$$

$\delta \Pi_T(\phi, \phi_n) = 0$ から，下の変分方程式が得られる．ただし，係数 $G\theta^2$ を省略した．

$$\int_C (\phi - \bar{\phi}) \, \delta\phi_n \, dC + \int_C (\phi_n - \bar{\phi}_n) \, \delta\phi \, dC$$
$$- \int_A (\nabla^2 \phi + 2) \, \delta\phi \, dA = 0 \tag{9.5}$$

ここに，

$$\phi_n = \frac{\partial \phi}{\partial x} n_x + \frac{\partial \phi}{\partial y} n_y$$

は境界の外向き法線方向の微分を表し，$\bm{n} = \lfloor n_x, n_y \rfloor$ は単位法線ベクトルである．$\bar{\phi}, \bar{\phi}_n$ は規定値を表すものとする．

8.4節に述べた変分法の基本補助定理から，Neumann条件に相当する積分を最小自乗型に置き換えてもノードレス要素法が成立することがわかる．そこで，統一エネルギー原理から導かれた変分方程式のNeumann条件の項を最小自乗型に置換した変分式を誘導変分原理とよぶことにする．誘導変分原理の変分方程式を下に示す．

$$\int_C (\psi - \bar{\psi}) \, \delta\psi_n \, dC + \int_C (\psi_n - \bar{\psi}_n) \, \delta\psi_n \, dC$$
$$- \int_A (\nabla^2 \psi + 2) \, \delta\psi \, dA = 0 \tag{9.6}$$

4.3節のねじり剛性 K は次式により求まる．

$$K = \frac{M}{G\theta} = 2 \int_A \phi \, dA \quad \text{または} \quad K = 2 \int_A \psi \, dA \tag{9.7}$$

この種の非構造問題においては，ノードレス要素の剛体変位が存在しないから関数 ϕ, ψ の仮定は下のような3次のべき級数を用いた．

$$\phi = a_0 + a_1 x + a_2 y + a_3 x^2 + a_4 xy + a_5 y^2$$
$$+ a_6 x^3 + a_7 x^2 y + a_8 xy^2 + a_9 y^3 \tag{9.8}$$

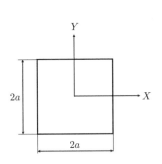
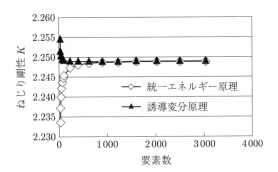

図 **9.8**　弾性棒の断面形状　　　図 **9.9**　ねじり剛性の収束性

次式は Timoshenko[44] による矩形断面の棒のねじりモーメントの級数解である.

$$M = \frac{1}{3}G\theta(2a)^3(2b)\left(1 - \frac{192}{\pi^5}\frac{a}{b}\sum_{n=1,3,5,\cdots}^{\infty}\frac{1}{n^5}\tanh\frac{n\pi b}{2a}\right) \quad (9.9)$$

図 9.8 の正方形の一辺の長さは 2 とする. 式 (9.9) では $a = b = 1$ にする. 要素分割は直交格子となる一様な分割にした. 図 9.9 の横軸は要素数, 縦軸はねじり剛性 K である. このグラフは統一エネルギー原理および誘導変分原理による解析の収束性を表す. これらの解析の収束値は, 式 (9.9) で 51 項まで計算した値に小数点以下 3 桁まで一致した.

9.4 平板の固有振動数解析

6.2 節の平板の曲げ理論により, 統一エネルギー原理にもとづいて平板の固有振動数解析を行った. 6.2 節では Kirchhoff のせん断力が使われているが, ここでは, 通常のせん断力とねじりモーメントを用いた. 分布荷重を慣性力に置き換えると下のようになる.

$$\int_C [(Q_n - \bar{Q}_n)\delta w + (w - \bar{w})\delta Q_z]\,\mathrm{d}C$$
$$-\int_C [(M_n - \bar{M}_n)\delta w_{,n} + (w_{,n} - \bar{w}_{,n})\delta M_n]\,\mathrm{d}C$$
$$-\int_C [(M_{ns} - \bar{M}_{ns})\delta w_{,s} + (w_{,s} - \bar{w}_{,s})\delta M_{ns}]\,\mathrm{d}C$$
$$-\int_A (M_r - \rho\omega^2 w)\delta w\,\mathrm{d}A = 0 \tag{9.10}$$

Kirchhoffのせん断力 V_n を用いると 6.2 節のように簡潔に平板の曲げ理論[44,45]が展開できる．ところが，実際に平板の曲げ問題にノードレス要素解析を実行すると，通常のせん断力 Q_n とねじりモーメント M_{ns} を用いる方が数値計算が安定することが明らかになった．式 (9.10) の中の 6.2 節に現れない記号を下に示す[45]．

$$w_{,s} = \frac{\partial w}{\partial s} \tag{9.11}$$
$$M_r = M_{x,xx} + M_{y,yy} + 2M_{xy,xy} \tag{9.12}$$
$$M_{ns} = -(M_x - M_y)\cos\alpha\sin\alpha + M_{xy}(\cos^2\alpha - \sin^2\alpha) \tag{9.13}$$

式 (9.10) において，M_{ns} はねじりモーメント，ρ は面積密度，ω は固有円振動数である．なお，バー ($\bar{}$) を付した記号は規定値を表す．式 (9.10) から下のようなマトリックス形式の振動数方程式が得られる．

$$(\boldsymbol{K} + \omega^2 \boldsymbol{M})\boldsymbol{A} = 0 \tag{9.14}$$

$\boldsymbol{K}$ は全体システム-マトリックス，$\boldsymbol{M}$ は全体質量マトリックス，$\boldsymbol{A}$ はすべての要素の未定係数ベクトルを表す．ω は固有円振動数である．

計算条件は，板の材料定数は，ヤング率 206 GPa，ポアソン比 0.3，密度 $7.85 \times 10^3 \mathrm{kg/m^3}$，平板の寸法 1 m×1 m×5 mm，変位関数は 6 次のべき級数を用いた．要素分割は直交格子となる一様な分割にした．

図 9.10 は 4 辺単純支持の正方形平板の第 1 次および第 3 次固有振動数の収束性を表す．◆は第 1 次，□は第 3 次固有振動数を表す．グラフの横軸は要素数を表す．縦軸は本解法の誤差 (%) である．

図 9.11 は 4 辺固定の正方形板の第 1 次固有振動数の収束性を表す．横軸は要素数を表し，縦軸は振動数 (Hz) である．

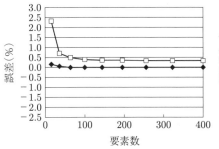

図 **9.10** 周辺支持正方形平板の固有振動数の収束性

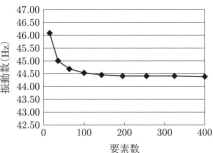

図 **9.11** 周辺固定正方形平板の第 1 次固有振動数の収束性

9.5 薄い平板の増分法による非線形解析

6.2 節の Kirchhoff–Love の薄い平板の曲げ理論と Euler の座屈理論をあわせると板曲げの有限変形増分理論が展開できる[46,49]．本節は，統一エネルギー原理に川井の板曲げの有限変形増分理論を導入してノードレス要素解析を行った．

薄い平板は荷重が大きくなると面外変形のたわみ w の他に面内変形による平面応力 σ_{ij} が無視できなくなる．次式は統一エネルギー原理にもとづいて定式化された板曲げの有限変形の支配方程式を表す．

$$h\int_S \delta T_i(u_i - \bar{u}_i)\,\mathrm{d}S + h\int_S \delta u_i(T - \bar{T}_i)\,\mathrm{d}S - h\int_A \delta u_i(\sigma_{ij,j} + \bar{p}_i)\,\mathrm{d}A$$
$$+ \int_{S_\sigma + S_w} \delta Q_n(w - \bar{w})\,\mathrm{d}S + \int_{S_\sigma + S_w} \delta w(Q - \bar{Q}_n)\,\mathrm{d}S$$
$$- \int_{S_\sigma + S_w} \delta M_n(w_{,n} - \bar{w}_{,n})\,\mathrm{d}S - \int_{S_\sigma + S_w} \delta w_{,n}(M_n - \bar{M}_n)\,\mathrm{d}S$$
$$- \int_{S_\sigma + S_w} \delta M_{ns}(w_{,s} - \bar{w}_{,s})\,\mathrm{d}S - \int_{S_\sigma + S_w} \delta w_{,s}(M_{ns} - \bar{M}_{ns})\,\mathrm{d}S$$
$$- \int_A \delta w(M_R + \bar{q})\,\mathrm{d}S + h\int_A \delta\sigma_{ij} w_{,j}^{(0)} w_{,i}\,\mathrm{d}A$$
$$+ h\int_A \delta w_{,i}\sigma_{ij}^{(0)} w_{,j}\,\mathrm{d}A + \int_A \delta w_{,i} w_{,j}^{(0)} \sigma_{ij}\,\mathrm{d}A = 0 \tag{9.15}$$

ここに，

$$w_{,s} = \frac{\partial w}{\partial s}, \quad w_{,n} = \frac{\partial w}{\partial n}, \quad w_{,i} = \frac{\partial w}{\partial x_i}, \quad w_{,i}^{(0)} = \left(\frac{\partial w}{\partial x_i}\right)^{(0)} \quad (9.16)$$

である．T_i, u_i, σ_{ij} はそれぞれ平面応力場の境界力，変位，応力を表し，$\sigma_{ij}^{(0)}$ は平面応力の初期値を表し，$w_{,i}^{(0)}$ はたわみ角の初期値を表す．Kirchhoff のせん断力を用いないで通常のせん断力 Q_n とねじりモーメント M_{ns} を用いた．式 (9.15) の1行目は平面応力を表す3つの項で構成されている．同式の2行目から4行目と5行目の最初の積分は板の曲げの項のみで構成されている．同式の5行目の2番目の積分と6行目は面外変形と面内変形の連成項で構成されている．

式 (9.15) は増分形式で書かれている．微小荷重 $\bar{q}$ を与えたことによるたわみ w と平面応力 σ_{ij} を計算するので，微小量を表すためにそれぞれの記号は $\Delta\bar{q}, \Delta w, \Delta\sigma_{ij}$ と書くべきであるが，読みにくくなるので Δ を省略した．ただし $w_{,j}^{(0)}, \sigma_{ij}^{(0)}$ は有限の量を表すものとする．

計算条件は，4辺固定正方形板 (2軸対称性利用し 1/4 領域を解析した)，板の寸法 $=1\,\text{m}\times 1\,\text{m}$ (要素分割数 $= 7\times 7$)，板厚 $h = 2\,\text{mm}$，材料定数：ヤング率 $206\,\text{GPa}$，ポアソン比 0.3 にした．

要素分割は直交格子となる一様な分割にした．たわみ関数 w は4次式，u, v はそれぞれ剛体変位 +3次式を用いた．

図 9.12 に等分布荷重を受ける周辺固定正方形板の最大たわみの変化を示す．

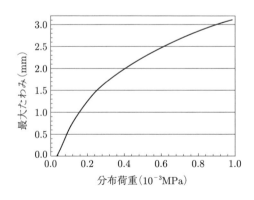

図 **9.12** 等分布荷重を受ける周辺固定正方形板の非線形解析

9.6 片持ち矩形平板の弾塑性解析

増分法を用いて一辺に放物線状分布せん断荷重が作用する片持ち矩形平板の弾塑性解析を行った．次式は平面応力の増分形式の統一エネルギー原理である．

$$\int_{S_\sigma} (\Delta T_i - \Delta \bar{T}_i)\,\delta(\Delta u_i)\,\mathrm{d}S + \int_{S_u} (\Delta u_i - \Delta \bar{u}_i)\,\delta(\Delta T)\,\mathrm{d}S$$
$$- \int_A (\Delta \sigma_{ij,j} + \Delta \bar{p}_i)\,\delta(\Delta u_i)\,\mathrm{d}A = 0 \tag{9.17}$$

ここに，ΔT_i と Δu_i は，それぞれ時間増分 Δt における境界力の増分，変位の増分を表す．T_i と u_i は，それぞれ時刻 t における境界力，変位を表す．

本解析に用いた弾塑性解析理論の概要について下の (1)–(4) に示す．

(1) 非線形性：微小変形論 + 材料非線形
(2) 荷重増分の決め方：r-Min 法 (吉村，桜井，山田の方法)[48]
(3) 降伏判定：要素の重心において Mises の降伏条件を用いる．すなわち，

$$\bar{\sigma} = \sigma_{\text{yield}} \tag{9.18}$$
$$\bar{\sigma} = (\sigma_{xx}^2 - \sigma_{xx}\sigma_{yy} + \sigma_{yy}^2 + 3\tau_{xy}^2)^{1/2} \tag{9.19}$$

(4) 塑性構成則：Prandtl–Reuss の式に von Mises の相当応力 J_2' を導入して，剛体回転の影響を考慮した流れ理論[47]に従うと下のようになる．

$$\{\Delta\sigma\} = [D^p]\{\Delta\varepsilon\} \tag{9.20}$$

上式の $[D^p]$ は平面応力場の塑性応力–ひずみマトリックスを表し，下のようになる．

$$[D^p] = \frac{E}{1-\nu^2}\begin{bmatrix} 1 & \nu & 0 \\ \nu & 1 & 0 \\ 0 & 0 & \frac{1-\nu}{2} \end{bmatrix} - \frac{1}{S}\begin{bmatrix} S_1^2 & S_1S_2 & S_1S_6 \\ S_1S_2 & S_2^2 & S_2S_6 \\ S_1S_6 & S_2S_6 & S_6^2 \end{bmatrix} \tag{9.21}$$

ここに，

158   9 解析事例

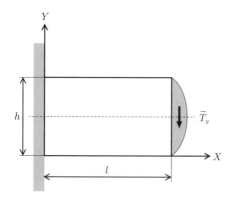

図 **9.13**　片持ち平板の弾塑性解析

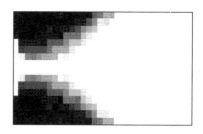

図 **9.14**　荷重ステップ 25 の塑性域

$$S = \frac{4}{9}\bar{\sigma}^2 H' + S_1\sigma'_x + S_2\sigma'_y + 2S_6\tau'_{xy} \tag{9.22}$$

$$S_1 = \frac{E}{1-\nu^2}(\sigma'_x + \nu\sigma'_y), \quad S_2 = \frac{E}{1-\nu^2}(\nu\sigma'_x + \sigma'_y), \quad S_6 = \frac{E}{1+\nu}\tau'_{xy} \tag{9.23}$$

である.

　計算条件は，図 9.13 の片持ち平板を正方形要素 $32 \times 16 = 512$ に分割し，荷重増分を 25 ステップに変化させて，せん断荷重の大きさを徐々に上げたときの塑性

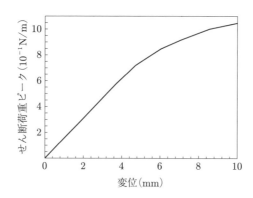

図 **9.15**　変位–荷重線図

域の進展状況をグラフィックス表示した．

変位関数：剛体変位 +2 次式 (1 要素あたりの自由度 DOF = 12)，縦弾性係数 $E = 196\,\text{GPa}$，ポアソン比 $\nu = 0.3$，降伏点 $\sigma_{\text{yield}} = 340\,\text{MPa}$，$H' = 560.0\,\text{MPa}$，片持ち平板の形状は $l = 1.2\,\text{m}$，$h = 0.6\,\text{m}$ である．要素分割は直交格子となる一様な分割にした．

図 9.14 は最終ステップの塑性域を表す．色の濃淡は降伏の順序を表し，色が薄くなるにつれて遅れて降伏した要素を表す．

図 9.15 は荷重辺中点の荷重方向の変位–荷重線図である．横軸は y 軸方向の変位 (mm)，縦軸は放物線状せん断荷重のピーク値 $\times 10^{-1}$ (N/m) を表す．

9.7 上下界解法と挟み撃ち法の例

挟み撃ち法は，任意のメッシュ分割における数値解の上界と下界を確定し，その中間に正解が存在することを保証する手法である．

本章では，上界解法としてのノードレス変位法および下界解法として補仮想仕事の原理の展開について概要を述べ，その計算例とともに，統一エネルギー原理に変位仮定の関数と応力仮定の変位関数を用いた場合も含めて，平面弾性問題の数値解析を行い，解の収束性と挟み撃ち法を検討した．

9.7.1 ノードレス変位法

上界解法の変位法については従来の節点法 FEM ではなく，仮想仕事の原理を付帯条件のない変分原理に拡張したノードレス要素解析法 (ノードレス変位法) である．

強形式の仮想仕事の原理を下に示すと

$$\int_{S_\sigma} (t_i - \bar{t}_i)\,\delta u_i\,\mathrm{d}S - \int_V (\sigma_{ij,j} + \bar{p}_i)\,\delta u_i\,\mathrm{d}V = 0 \tag{9.24}$$

付帯条件

$$\delta \varepsilon_{ij} = \frac{1}{2}(\delta u_{i,j} + \delta u_{j,i}) \tag{9.25a}$$

$$\delta(u_i - \bar{u}_i) = 0 \text{ on } S_u \tag{9.25b}$$

になる．要素どうしの変位の連続条件は次式のような最小二乗型の変分式により仮想仕事の原理を拡張する．

$$\delta \int_{S_u} \frac{1}{2} P_u (u_i - \bar{u}_i)^2 \, dS \tag{9.26}$$

上式の最小条件は付帯条件式 (9.25b) を満たす．同式の変位に関する変分式を仮想仕事の原理の左辺に加えると次式を得る．

$$\int_{S_\sigma} (t_i - \bar{t}_i) \, \delta u_i \, dS - \int_V (\sigma_{ij,j} + \bar{p}_i) \, \delta u_i \, dV$$
$$+ P_u \int_{S_u} (u_i - \bar{u}_i) \, \delta u_i \, dS = 0 \tag{9.27}$$

9.7.2 応　力　法

ノードレス要素法では，変分方程式により適合条件である変位の連続条件を課すことで応力法と見なすことのできる下界法が実現する．本章のノードレス応力法は補仮想仕事の原理の拡張である．応力法で用いる許容関数のつくり方は変位法に比較するとかなり複雑である．補仮想仕事の原理では付帯条件として要素の境界上に関する条件と要素の内部に関する条件という 2 つの力学的境界条件を許容関数として満たさなければならない．境界力の平衡条件は変分式で表し，変分方程式に組み入れると近似的に満たすことができ，要素内部の平衡条件は物体力がゼロのときは自己平衡関数化により完全に満たすことができる．

補仮想仕事の原理を強形式に変形してノードレス要素法に適用できるようにする．下の式は補仮想仕事の原理そのものである．

$$\int_V \varepsilon_{ij} \, \delta \sigma_{ij} \, dV - \int_V u_i \, \delta \bar{p}_i \, dV - \int_{S_u} \bar{u}_i \, \delta t_i \, dS = 0 \tag{9.28}$$

付帯条件は次式である．

$$\delta(\sigma_{ij,j} + \bar{p}_i) = 0 \text{ in } V \tag{9.29}$$

$$\delta \sigma_{ij} \, n_j = \delta \bar{t}_i \text{ on } S_\sigma \tag{9.30}$$

式 (9.28) の左辺の第 1 項に，ひずみ–変位関係式，応力の対称性，Gauss の発散定理を用いてひずみを部分積分すると次式を得る．

$$\int_S u_i \, \delta \sigma_{ij} \, n_j \, dS - \int_{S_u} \bar{u}_i \, \delta t_i \, dS - \int_V u_i \, \delta(\sigma_{ij,j} + \bar{p}_i) \, dV = 0 \tag{9.31}$$

ここに，n_j は方向余弦を表し，

$$\sigma_{ij} n_j = t_i \tag{9.32}$$

$$S = S_u + S_\sigma \tag{9.33}$$

である．

式 (9.31) の左辺の 3 番目の項が 0 になるような応力関数を仮定すれば，付帯条件式 (9.29) を満たすから，この項は消去することができる．ここで，付帯条件式 (9.30) を下のような変分式にする．

$$P_\sigma \int_{S_\sigma} (t_i - \bar{t}_i)\, \delta t \, \mathrm{d}S \tag{9.34}$$

式 (9.33) のように物体の表面を幾何学的境界条件が課される部分を S_u と力学的境界条件が課される部分を S_σ で表し，S_σ 上では式 (9.34) を導入する．式 (9.34) を式 (9.31) に加えれば下のようなノードレス応力法の変分原理が得られる[52]．さらに，前章の剛体変位の正則化を行うと次式を得る．

$$\int_{S_u} (u_i - \bar{u}_i)\, \delta t_i \, \mathrm{d}S + P_\sigma \int_{S_\sigma} (t_i - \bar{t}_i)\, \delta t \, \mathrm{d}S$$
$$+ P_G \int_{S_u} (u_G - \bar{u}_G)\, \delta u_G \, \mathrm{d}S = 0 \tag{9.35}$$

ここに，P_σ, P_G はそれぞれペナルティである．

ここで，自己平衡条件を満たす関数の求め方について簡単に述べる．次式を満たす関数を自己平衡関数とよんでいる．

$$\sigma_{ij,j} + \bar{p}_i = 0 \tag{9.36}$$

応力として仮定した関数を式 (9.36) の平衡条件式に代入し，応力関数のいくつかの未定係数を消去することにより自己平衡関数を得ることができる．

9.7.3 統一エネルギー原理 (応力関数仮定)

ここでは，応力関数仮定の統一エネルギー原理について述べる．下に統一エネルギー原理を再掲する．

$$\int_{S_u} (u_i - \bar{u}_i)\,\delta t_i\,\mathrm{d}A + \int_{S_\sigma} (t_i - \bar{t}_i)\,\delta u_i\,\mathrm{d}A$$
$$- \int_V (\sigma_{ij,j} + \bar{p}_i)\,\delta u_i\,\mathrm{d}V = 0 \tag{9.37}$$

前項の方法で自己平衡応力関数は得ることができるので，上式の左辺の 3 番目の項は消える．3 種類の応力 $\sigma_x, \sigma_y, \tau_{xy}$ を独立として関数仮定を行い，応力から変位を導くと積分定数が現れる．この積分定数を要素の剛体変位に置き換えた．応力仮定法は変位仮定法に比較して要素どうしの変位の連続性が緩む傾向がある．ここでは安定した数値計算を実行するために，要素どうしの変位の連続性を強化することを目的にした最小自乗型の変位制御項を加えて，

$$\int_{S_u} (u_i - \bar{u}_i)\,\delta t_i\,\mathrm{d}A + \int_{S_\sigma} (t_i - \bar{t}_i)\,\delta u_i\,\mathrm{d}A$$
$$+ P_u\,\delta \int_{S_u} \frac{1}{2}(u_i - \bar{u}_i)^2 \mathrm{d}A = 0 \tag{9.38}$$

とする．P_u はペナルテイである．

9.7.4 挟み撃ち法の計算例

図 9.16 は放物線状の引張荷重を受ける正方形板である．この例題を 3 種類の方法でノードレス要素解析を実行して，横軸を要素数に，代表の箇所の応力または変位の収束性を図示し，それぞれの解法が上界法か下界法相当になるかを明らかにした．

計算条件については，対称性を利用して図 9.16 の第 1 象限の 4 分の 1 の領域のみ計算する．

ここで，分布荷重 $f_x(Y) = S(1 - Y^2/a^2)$，$S = 1.0\,\mathrm{Pa}$，$a = 500.0\,\mathrm{mm}$，縦弾性係数 $E = 200\,\mathrm{GPa}$，ポアソン比 $\nu = 0.3$，要素数は 16(min)–324(max) である．要素分割は直交格子となる一様な分割にした．

図 9.17 は応力の収束性の比較である．横軸は要素数，縦軸は点 O の応力 σ_x であり，数値は荷重 $S = 1.0\,\mathrm{Pa}$ に対する倍率を示す．変位仮定の統一エネルギー原理と仮想仕事の原理は上界解を，補仮想仕事の原理は下界解を与えることを示している．

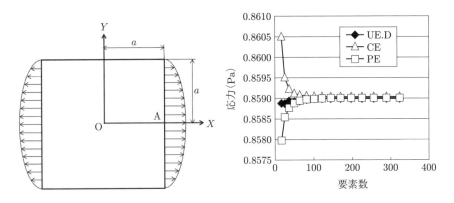

図 9.16 放物線状荷重を受ける正方形板

図 9.17 応力に関する 3 つの解法の収束性

図 9.17 で,UE.D は統一エネルギー原理 (自己平衡変位関数 3 次式),CE は補仮想仕事の原理の拡張 (自己平衡応力関数 2 次式),PE は仮想仕事の原理の拡張 (自己平衡変位関数 3 次式) である.

図 9.18 は点 A の水平変位 u_A (mm) の収束性を示す.変位も変位仮定の統一エネルギー原理と最小ポテンシャルエネルギーの原理は上界解を,補仮想仕事の原理は下界解を与えることがわかる.

図 9.19 は同一の例題を解析したときの統一エネルギー原理の変位仮定と応力仮定の場合の応力の収束性を示す.UE.S は応力関数仮定 (2 次式の許容応力関数),

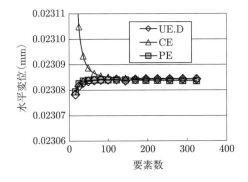

図 9.18 水平変位 u_A の収束性の比較

164   9 解析事例

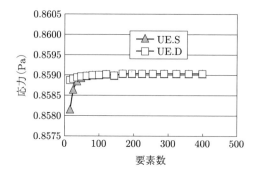

図 **9.19**　統一エネルギー原理における関数仮定による収束性の比較

UE.D は変位関数仮定 (3 次式の自己平衡変位関数) を示す.

付録A 統一エネルギー原理から導かれる8つの解法の適用例

表 A.1 はりの軸変形解析における統一エネルギー原理から導かれる 8 種類の解法

解法	変分方程式	制約条件	備考
(1)	$(EAw' - \bar{P})\delta w\|_0^l + (w - \bar{w})\delta P\|_0^l$ $- \int_0^l (EAw'' + q_z)\delta w \mathrm{d}z = 0$	—	GUM
(2)	$(EAw' - \bar{P})\delta w\|_0^l - \int_0^l (EAw'' + q_z)\delta w \mathrm{d}z = 0$	$w - \bar{w} = 0$ $(z = 0, l)$	DM(I)
(3)	$(w - \bar{w})\delta P\|_0^l - \int_0^l (EAw'' + q_z)\delta w \mathrm{d}z = 0$	$EAw' - \bar{P} = 0$ $(z = 0, l)$	EM(I)
(4)	$\int_0^l (EAw'' + q_z)\delta w \mathrm{d}z = 0$	$EAw' - \bar{P} = 0$ または $w - \bar{w} = 0\ (z = 0, l)$	GM(I)
(5)	$(EAw' - \bar{P})\delta w\|_0^l + (w - \bar{w})\delta P\|_0^l = 0$	$EAw'' + q_z = 0$ $(0 \le z \le l)$	Trefftz 法
(6)	$(EAw' + q_z)\delta w\|_0^l = 0$	$EAw'' + q_z = 0$ $(0 \le z \le l)$ $w - \bar{w} = 0$ $(z = 0, l)$	DM(II)
(7)	$(w - \bar{w})\delta P\|_0^l = 0$	$EAw'' + q_z = 0$ $(0 \le z \le l)$ $EAw' - \bar{P} = 0$ $(z = 0, l)$	EM(II)
(8)	—	$EAw'' + \bar{P} = 0$ $(0 \le z \le l)$ $w - \bar{w} = 0\|_{z=0}$ または $EA\bar{w} - \bar{P} = 0$ $(z = 1, l)$	GM(II)

表 **A.2** はりのねじり変形解析における統一エネルギー原理から導かれる 8 種類の解法

解法	変分方程式	制約条件	備考
(1)	$(GK\chi' - \bar{M}_z)\delta\chi\|_0^l + (\chi - \bar{\chi})\delta M_z\|_0^l$ $- \int_0^l (GK\chi'' + m_z)\delta\chi dz$	—	GUM
(2)	$(GK\chi' - \bar{M}_z)\delta\chi\|_0^l - \int_0^l (GK\chi'' + m_z)\delta\chi dz$	$\chi - \bar{\chi}\|_0^l = 0$	DM(I)
(3)	$(\chi - \bar{\chi})\delta M_z\|_0^l - \int_0^l (GK\chi'' + m_z)\delta\chi dz = 0$	$GK\chi' - \bar{M}_z\|_0^l = 0$	EM(I)
(4)	$\int_0^l (GK\chi'' + m_z)\delta\chi dz = 0$	$\chi - \bar{\chi}\|_0^l = 0$ または $GK\chi' - \bar{M}_z\|_0^l = 0$	GM(I)
(5)	$(GK\chi' - \bar{M}_z)\delta\chi\|_0^l + (\chi - \bar{\chi})\delta M_z\|_0^l = 0$	$GK\chi'' + m_z = 0$ $(0 \leq z \leq l)$	Trefftz 法
(6)	$(GK\chi' - \bar{M}_z)\delta\chi\|_0^l = 0$	$\chi - \chi'\|_0^l = 0$ $GK\chi'' + m_z = 0$ $(0 \leq z \leq l)$	DM(II)
(7)	$(\chi - \bar{\chi})\delta M_z = 0$	$GK\chi' - \bar{M}_z\|_0^l = 0,$ $GK\chi'' + m_z = 0$ $(0 \leq z \leq l)$	EM(II)
(8)	—	$GK\chi'' + m_z = 0$ $(0 \leq z \leq l)$ $\chi - \bar{\chi} = 0,$ $GK\chi' - \bar{M}_z = 0$ $(z = 0$ または $l)$	GM(II)

表 **A.3** はりの曲げ解析に対する統一エネルギー原理から導かれる 8 種類の解法

解法	変分方程式	制約条件	備考
(1)	$\lvert (M_x - \bar{M}_x)\delta v' + (V_y - \bar{V}_y)\delta v \rvert_{z=0}^{l} = 0$ または $\lvert (v' - \bar{v}')\delta M_x + (v - \bar{v})\delta V_y \rvert_{z=0}^{l} = 0$ $\int_0^l (M_x'' - q_y)\delta v \, dz = 0$	—	GUM
(2)	$\lvert (M_x - \bar{M}_x)\delta v' + (V_y - \bar{V}_y)\delta v \rvert_{z=0}^{l} = 0$ $\int_0^l (M_x'' - q_y)\delta v \, dz = 0$	$v - \bar{v} = 0,$ $v' - \bar{v}' = 0 \ (z = 0, l)$	DM(I)
(3)	$\lvert (v - \bar{v}')\delta M_x + (v - \bar{v})\delta V_y \rvert_{z=1}^{l} = 0$ $\int_0^l (M_x'' - q_y)\delta v \, dz = 0$	$M_x - \bar{M}_x = 0,$ $V_y - \bar{V}_y = 0 \ (z = 0, l)$	EM(I)
(4)	$\int_0^l (M_x'' - q_y)\delta v \, dz = 0$	$v - \bar{v} = 0, v' - \bar{v}' = 0,$ $M_x - \bar{M}_x = 0$ $V_y - \bar{V}_y = 0 \ (z = 0, l)$	GM(I)
(5)	$\lvert (M_x - \bar{M}_x)\delta v' + (V_y - \bar{V}_y)\delta v \rvert_{z=0}^{l} = 0$ または $\lvert (v' - \bar{v}')\delta M_x + (v - \bar{v})\delta V_y \rvert_{z=0}^{l} = 0$	$M_x'' - q_y = 0$ $(0 \le z \le l)$	Trefftz 法
(6)	$\lvert (M_x - \bar{M}_x)\delta v' + (V_y - \bar{V}_y)\delta v \rvert_{z=0}^{l} = 0$	$M_x'' - \bar{q}_x = 0$ $(0 \le z \le l)$ $(v - \bar{v}')\delta M_x$ $+ (v - \bar{v})\delta V_y = 0$	DM(II)
(7)	$\lvert (v' - \bar{v}')\delta M_x + (v - \bar{v})\delta V_y \rvert_{z=0}^{l} = 0$	$M_x'' - q_y = 0$ $(0 \le z \le l)$ $(M_x - \bar{M}_x)\delta v'$ $+ (V_y - \bar{V}_y)\delta v = 0$ $(z = 0, l)$	EM(II)
(8)	—	$(M_x - \bar{M}_x)\delta v'$ $+ (V_y - \bar{V}_y)\delta v = 0,$ $(v - \bar{v}')\delta M_x$ $+ (v - \bar{v})\delta V_y = 0$ $(z = 0, l)$ $M_x'' - q_y = 0$ $(0 \le z \le l)$	GM(II)

表 A.4　膜のたわみ問題解析に対する統一エネルギー原理から導かれる 8 種類の解法

解法	変分方程式	制約条件	備考
(1)	$\iint_A (Tw - \bar{q})\delta w \, dx \, dy$ $- \int_{C_\sigma} \left(T\dfrac{\partial w}{\partial n} - \bar{V}\right)\delta w \, ds - \int_{C_u} (w - \bar{w})\delta V \, dS = 0$	—	$V = T\dfrac{\partial w}{\partial n}$ GUM
(2)	$\iint_A (Tw - \bar{q})\delta w \, dx \, dy - \int_{C_\sigma}\left(T\dfrac{\partial w}{\partial n} - \bar{V}\right)\delta w \, dS = 0$	$w - \bar{w} = 0$ on C_u	DM(I)
(3)	$\iint_A (Tw - \bar{q})\delta w \, dx \, dy - \int_{C_u}(w - \bar{w})\delta V \, dS = 0$	$T\dfrac{\partial w}{\partial n} - \bar{T} = 0$ on C_σ	EM(I)
(4)	$\iint_A (Tw - \bar{q})\delta w \, dx \, dy = 0$	$T\dfrac{\partial w}{\partial n} - \bar{V} = 0$ on C_σ $w - \bar{w} = 0$ on C_u	GM(I)
(5)	$\int_{C_\sigma}\left(T\dfrac{\partial w}{\partial n} - \bar{V}\right)\delta w \, dS + \int_{C_u}(w - \bar{w})\,\delta V \, dS = 0$	$Tw - \bar{q} = 0$ in A	Trefftz 法
(6)	$\int_{C_\sigma}\left(T\dfrac{\partial w}{\partial n} - \bar{V}\right)\delta w \, dS = 0$	$Tw - \bar{q} = 0$ in A $w - \bar{w} = 0$ on C_u	DM(II)
(7)	$\int_{C_u}(w - \bar{w})\delta V \, dS = 0$	$Tw - \bar{q} = 0$ in A $T\dfrac{\partial w}{\partial n} - \bar{V} = 0$ on C_σ	EM(II)
(8)	—	$Tw - \bar{q} = 0$ in A $w - \bar{w} = 0$ on C_u $T\dfrac{\partial w}{\partial n} - \bar{V} = 0$ on C_σ	GM(II)

表 A.5　2 次元問題に対する統一エネルギー原理から導かれる 8 種類の解法

解法	変分方程式	制約条件	備考
(1)	$\int_A \left[\left(\dfrac{\partial \sigma_x}{\partial x} + \dfrac{\partial \tau_{xy}}{\partial y} + \bar{p}_x\right)\delta u + \left(\dfrac{\partial \tau_{yx}}{\partial x} + \dfrac{\partial \sigma_y}{\partial y} + \bar{p}_y\right)\delta v\right]\mathrm{d}A$ $-\int_{C_\sigma}[(t_x-\bar{t}_x)\delta u + (t_y-\bar{t}_y)\delta v]\mathrm{d}s - \int_{C_u}[(u-\bar{u})\delta t_x$ $+(v-\bar{v})\delta t_y]\mathrm{d}S = 0$	—	GUM
(2)	$\int_A \left[\left(\dfrac{\partial \sigma_x}{\partial x} + \dfrac{\partial \tau_{xy}}{\partial y} + \bar{p}_x\right)\delta u + \left(\dfrac{\partial \tau_{yx}}{\partial x} + \dfrac{\partial \sigma_y}{\partial y} + \bar{p}_y\right)\delta v\right]\mathrm{d}A$ $-\int_{C_\sigma}[(t_x-\bar{t}_x)\delta u + (t_y-\bar{t}_y)\delta v]\mathrm{d}S = 0$	$u - \bar{u} = 0,\ v - \bar{v} = 0$ on C_u	DM(I)
(3)	$\int_A \left[\left(\dfrac{\partial \sigma_x}{\partial x} + \dfrac{\partial \tau_{xy}}{\partial y} + \bar{p}_x\right)\delta u + \left(\dfrac{\partial \tau_{yx}}{\partial x} + \dfrac{\partial \sigma_y}{\partial y} + \bar{p}_y\right)\delta v\right]\mathrm{d}S$ $-\int_{C_u}[(u-\bar{u})\delta t_x + (v-\bar{v})\delta t_y]\mathrm{d}S = 0$	$t_x - \bar{t}_x = 0,\ t_y - \bar{t}_y = 0$ on C_σ	EM(I)
(4)	$\int_A \left[\left(\dfrac{\partial \sigma_x}{\partial x} + \dfrac{\partial \tau_{xy}}{\partial y} + \bar{p}_x\right)\delta u + \left(\dfrac{\partial \tau_{yx}}{\partial x} + \dfrac{\partial \sigma_y}{\partial y} + \bar{p}_y\right)\delta v\right]\mathrm{d}S = 0$	$t_x - \bar{t}_x = 0,\ t_y - \bar{t}_y = 0$ on C_σ $u - \bar{u} = 0,\ v - \bar{v} = 0$ on C_u	GM(I)
(5)	$\int_{C_\sigma}[(t_x-\bar{t}_x)\delta u + (t_y-\bar{t}_y)\delta v]\mathrm{d}S + \int_{C_u}[(u-\bar{u})\delta t_x$ $+(v-\bar{v})\delta t_y]\mathrm{d}S = 0$	$\dfrac{\partial \sigma_x}{\partial x} + \dfrac{\partial \tau_{xy}}{\partial y} + \bar{p}_x = 0,\ \dfrac{\partial \tau_{yx}}{\partial x} + \dfrac{\partial \sigma_y}{\partial y}$ $+ \bar{p}_y = 0$ in A	Trefftz 法
(6)	$\int_{C_t}[(t_x-\bar{t}_x)\delta u + (t_y-\bar{t}_y)\delta v]\mathrm{d}S = 0$	$\dfrac{\partial \sigma_x}{\partial x} + \dfrac{\partial \tau_{xy}}{\partial y} + \bar{p}_x = 0,\ \dfrac{\partial \tau_{yx}}{\partial x} + \dfrac{\partial \sigma_y}{\partial y}$ $+ \bar{p}_y = 0,\ u = \bar{u},\ v = \bar{v}$ on C_u	DM(II)
(7)	$\int_C u[(u-\bar{u})\delta t_x + (v-\bar{v})\delta t_y]\mathrm{d}S = 0$	$\dfrac{\partial \sigma_x}{\partial x} + \dfrac{\partial \tau_{xy}}{\partial y} + \bar{p}_x = 0,\ \dfrac{\partial \tau_{yx}}{\partial x} + \dfrac{\partial \sigma_y}{\partial y}$ $+ \bar{p}_y = 0$ in A, $t_x = \bar{t}_x,\ t_y = \bar{t}_y$ on C_σ	EM(II)
(8)		$\dfrac{\partial \sigma_x}{\partial x} + \dfrac{\partial \tau_{xy}}{\partial y} + \bar{p}_x = 0,\ \dfrac{\partial \tau_{yx}}{\partial x} + \dfrac{\partial \sigma_y}{\partial y}$ $+ \bar{p}_y = 0$ $t_x = \bar{t}_x,\ t_y = \bar{t}_y$ on C_σ $u = \bar{u},\ v = \bar{v}$ on C_u	GM(II)

169

表 A.6 2 次元応力場有限要素解析のための統一エネルギー原理から導かれる 8 種類の解法.要素形状を n 辺多形とし,その k 番目の辺を表す $(k = 1, 2, 3, \cdots, n)$.

解法	変分方程式	制約条件	備考
(1)	$\int_A \left[\left(\frac{\partial \sigma_x}{\partial x} + \frac{\partial \tau_{xy}}{\partial y} + \bar{p}_x \right) \delta u + \left(\frac{\partial \tau_{yx}}{\partial x} + \frac{\partial \sigma_y}{\partial y} + \bar{p}_y \right) \delta v \right] \mathrm{d}A$ $- \sum_k \oint_{C_{\sigma k}} [(t_x - t_x^{(k)}) \delta u + (t_y - t_y^{(k)}) \delta v] \mathrm{d}S$ $+ \int_{C_{uk}} [(u - u^{(k)}) \delta t_x + (v - v^{(k)}) \delta t_y] \mathrm{d}S \Big\} = 0$	—	GUM
(2)	$\int_A \left[\left(\frac{\partial \sigma_x}{\partial x} + \frac{\partial \tau_{xy}}{\partial y} + \bar{p}_x \right) \delta u + \left(\frac{\partial \tau_{yx}}{\partial x} + \frac{\partial \sigma_y}{\partial y} + \bar{p}_y \right) \delta v \right] \mathrm{d}A$ $- \sum_k \oint_{C_{\sigma k}} [(t_x - t_x^{(k)}) \delta u + (t_y - t_y^{(k)}) \delta v] \mathrm{d}S = 0$	$u - u^{(k)} = 0, v - v^{(k)} = 0$ on C_{uk}	DM(I)
(3)	$\int_A \left[\left(\frac{\partial \sigma_x}{\partial x} + \frac{\partial \tau_{xy}}{\partial y} + \bar{p}_x \right) \delta u + \left(\frac{\partial \tau_{yx}}{\partial x} + \frac{\partial \sigma_y}{\partial y} + \bar{p}_y \right) \delta v \right] \mathrm{d}A$ $- \sum_k \oint_{C_{uk}} [(u - u^{(k)}) \delta t_x + (v - v^{(k)}) \delta t_y] \mathrm{d}S \Big\} = 0$	$t_x - t_x^{(k)} = 0, t_y - t_y^{(k)} = 0$ on $C_{\sigma k}$	EM(I)
(4)	$\int_A \left[\left(\frac{\partial \sigma_x}{\partial x} + \frac{\partial \tau_{xy}}{\partial y} + \bar{p}_x \right) \delta u + \left(\frac{\partial \tau_{yx}}{\partial x} + \frac{\partial \sigma_y}{\partial y} + \bar{p}_y \right) \delta v \right] = 0$	$t_x - t_x^{(k)} = 0, t_y - t_y^{(k)} = 0$ on $C_{\sigma k}$ $u - u^{(k)} = 0, v - v^{(k)} = 0$ on C_{uk}	GM(I)

(5)	$\displaystyle\sum_k \left\{ \int_{C_{\sigma k}} [(t_x - t_x^{(k)})\delta u + (t_y - t_y^{(k)})\delta v] dS \right.$ $\left. + \int_{C_{uk}} [(u - u^{(k)})\delta t_x + (v - v^{(k)})\delta t_y] dS \right\} = 0$	$\dfrac{\partial \sigma_x}{\partial x} + \dfrac{\partial \tau_{xy}}{\partial y} + \bar{p}_x = 0,$ $\dfrac{\partial \tau_{yx}}{\partial x} + \dfrac{\partial \sigma_y}{\partial y} + \bar{p}_y = 0$ in A	Trefftz 法
(6)	$\displaystyle\sum_k \int_{C_{\sigma k}} [(t_x - t_x^{(k)})\delta u + (t_y - t_y^{(k)})\delta v] dS$	$\dfrac{\partial \sigma_x}{\partial x} + \dfrac{\partial \tau_{xy}}{\partial y} + \bar{p}_x = 0,$ $\dfrac{\partial \tau_{yx}}{\partial x} + \dfrac{\partial \sigma_y}{\partial y} + \bar{p}_y = 0$ in A $u - u^{(k)} = 0, v - v^{(k)} = 0$ on C_{uk}	DM(II)
(7)	$\displaystyle\int_{C_{uk}} \left\{ [(u - u^{(k)})\delta t_x + (v - v^{(k)})\delta t_y] dS \right\} = 0$	$\dfrac{\partial \sigma_x}{\partial x} + \dfrac{\partial \tau_{xy}}{\partial y} + \bar{p}_x = 0,$ $\dfrac{\partial \tau_{yx}}{\partial x} + \dfrac{\partial \sigma_y}{\partial y} + \bar{p}_y = 0$ in A $t_x = t_x^{(k)} = 0, t_y = t_y^{(k)} = 0$ on $C_{\sigma k}$	EM(II)
(8)	—	$\dfrac{\partial \sigma_x}{\partial x} + \dfrac{\partial \tau_{xy}}{\partial y} + \bar{p}_x = 0,$ $\dfrac{\partial \tau_{yx}}{\partial x} + \dfrac{\partial \sigma_y}{\partial y} + \bar{p}_y = 0$ in A $t_x = t_x^{(k)}, t_y = t_y^{(k)}$ on $C_{\sigma k}$ $u = u^{(k)}, v = v^{(k)}$ on C_{uk}	GM(II)

表 A.7　薄板の曲げ解析に対する統一エネルギー原理から導かれる 8 種類の解法

解法	変分方程式	制約条件	備考
(1)	$\iint_D \left(\dfrac{\partial^2 M_x}{\partial x^2} + 2\dfrac{\partial^2 M_{xy}}{\partial x \partial y} + \dfrac{\partial^2 M_y}{\partial y^2} + \bar{q}_n\right)\delta w\,\mathrm{d}x\mathrm{d}y - \int_{C_{m0}}(V_n - \bar{V}_n)\delta w\,\mathrm{d}S - \int_{C_{w0}}(w - \bar{w})\delta V_n\,\mathrm{d}S + \int_{C_{m1}}(M_n - \bar{M}_n)\dfrac{\partial \delta w}{\partial n}\,\mathrm{d}S + \int_{C_{w1}}\left(\dfrac{\partial w}{\partial n} - \dfrac{\partial \bar{w}}{\partial n}\right)\delta M_n\,\mathrm{d}S = 0$	—	GUM
(2)	$\iint_D \left(\dfrac{\partial^2 M_x}{\partial x^2} + 2\dfrac{\partial^2 M_{xy}}{\partial x \partial y} + \dfrac{\partial^2 M_y}{\partial y^2} + \bar{q}_n\right)\delta w\,\mathrm{d}x\mathrm{d}y - \int_{C_{m0}}(V_n - \bar{V}_n)\delta w\,\mathrm{d}S + \int_{C_{m1}}(M_n - \bar{M}_n)\dfrac{\partial \delta w}{\partial n}\,\mathrm{d}S = 0$	$w = \bar{w},\ w_{,n} = \bar{w}_{,n}$ on C_u	DM(I)
(3)	$\iint_D \left(\dfrac{\partial^2 M_x}{\partial x^2} + 2\dfrac{\partial^2 M_{xy}}{\partial x \partial y} + \dfrac{\partial^2 M_y}{\partial y^2} + \bar{q}_n\right)\delta w\,\mathrm{d}x\mathrm{d}y - \int_{C_{m0}}(V_n - \bar{V}_n)\delta w\,\mathrm{d}S + \int_{C_{w1}}\left(\dfrac{\partial w}{\partial n} - \dfrac{\partial \bar{w}}{\partial n}\right)\delta M_n\,\mathrm{d}S = 0$	$M_n = \bar{M}_n$ on C_σ $V_n = \bar{V}_n$ on C_σ	EM(I)
(4)	$\iint_D \left(\dfrac{\partial^2 M_x}{\partial x^2} + 2\dfrac{\partial^2 M_{xy}}{\partial x \partial y} + \dfrac{\partial^2 M_y}{\partial y^2} + \bar{q}_n\right)\delta w\,\mathrm{d}x\mathrm{d}y - \int_{C_{w0}}(w - \bar{w})\delta V_n\,\mathrm{d}S + \int_{C_{m1}}(M_n - \bar{M}_n)\dfrac{\partial \delta w}{\partial n}\,\mathrm{d}S = 0$	$w = \bar{w},\ w_{,n} = \bar{w}_{,n}$ on C_u $M_n = \bar{M}_n,\ V_n = \bar{V}_n$ on C_σ	GM(I)
(5)	$\int_{C_{m0}}(V_n - \bar{V}_n)\delta w\,\mathrm{d}S + \int_{C_{w0}}(w - \bar{w})\delta V_n\,\mathrm{d}S - \int_{C_{m1}}(M_n - \bar{M}_n)\dfrac{\partial \delta w}{\partial n}\,\mathrm{d}S - \int_{C_{w1}}\left(\dfrac{\partial w}{\partial n} - \dfrac{\partial \bar{w}}{\partial n}\right)\delta M_n\,\mathrm{d}S = 0$	$D\triangle\triangle w - \bar{q}_n = 0$ in S	Trefftz 法
(6)	$\int_{C_{m0}}(V_n - \bar{V}_n)\delta w\,\mathrm{d}S - \int_{C_{m1}}(M_n - \bar{M}_n)\dfrac{\partial \delta w}{\partial n}\,\mathrm{d}S = 0$	$D\triangle\triangle w - \bar{q}_n = 0$ in S $w = \bar{w},\ w_{,n} = \bar{w}_{,n}$ on C_u	DM(II)
(7)	$\int_{C_{w0}}(w - \bar{w})\delta V_n\,\mathrm{d}S - \int_{C_{w1}}\left(\dfrac{\partial w}{\partial n} - \dfrac{\partial \bar{w}}{\partial n}\right)\delta M_n\,\mathrm{d}S = 0$	$D\triangle\triangle w - \bar{q}_n = 0$ in S $M_n = \bar{M}_n,\ V_n = \bar{V}_n$ on C_σ	EM(II)
(8)		$D\triangle\triangle w - \bar{q}_n = 0$ in S $w = \bar{w},\ w_{,n} = \bar{w}_{,n}$ on C_u $M_n = \bar{M}_n,\ V_n = \bar{V}_n$ on C_σ	GM(II)

表 A.8 板曲げ問題解析のための統一エネルギー原理から導かれる 8 種類の解法. $\partial^2 M_x/\partial x^2 + \partial^2 M_y/\partial y^2 + 2(\partial^2 M_{xy})/(\partial x \partial y) = D\triangle\triangle w$ とおく.

解法	変分方程式	制約条件	備考
(1)	$\iint_{A_k}(D\triangle\triangle w^{(k)} - \bar{q}_n^{(k)})\delta w^{(k)}\mathrm{d}x\mathrm{d}y$ $+\sum_l\left[-\int_{C_{m1}}(V_n^{(k)} - V_n^{(l)})\delta w^{(k)}\mathrm{d}S\right.$ $-\int_{C_{w1}}(w^{(k)} - w^{(l)})\delta V_n^{(k)}\mathrm{d}S$ $+\int_{C_{m2}}(M_n^{(k)} - M_n^{(l)})\delta\left(\dfrac{\partial w^{(k)}}{\partial n}\right)\mathrm{d}S$ $\left.+\int_{C_{w2}}\left(\dfrac{\partial w^{(k)}}{\partial n} - \dfrac{\partial w^{(l)}}{\partial n}\right)\delta M_n^{(k)}\mathrm{d}S\right] = 0$	—	GUM
(2)	$\iint_{A_k}(D\triangle\triangle w^{(k)} - \bar{q}_n^{(k)})\delta w^{(k)}\mathrm{d}x\mathrm{d}y$ $+\sum_l\left[-\int_{C_{m1}}(V_n^{(k)} - V_n^{(l)})\delta w^{(k)}\mathrm{d}S\right.$ $\left.+\int_{C_{m2}}(M_n^{(k)} - M_n^{(l)})\delta\dfrac{\partial w^{(k)}}{\partial n}\mathrm{d}S\right] = 0$	$w^{(k)} - w^{(l)} = 0,$ $\dfrac{\partial w^{(k)}}{\partial n} - \dfrac{\partial w^{(l)}}{\partial n} = 0 \text{ on } C_{ukl}$	DM(I)
(3)	$\iint_{A_k}(D\triangle\triangle w^{(k)} - \bar{q}_n^{(k)})\delta w^{(k)}\mathrm{d}x\mathrm{d}y$ $+\sum_l\left[-\int_{C_{w1}}(w^{(k)} - w^{(l)})\delta V_n^{(k)}\mathrm{d}S\right.$ $\left.+\int_{C_{w2}}\left(\dfrac{\partial w^{(k)}}{\partial n} - \dfrac{\partial w^{(l)}}{\partial n}\right)\delta M_n^{(k)}\mathrm{d}S\right] = 0$	$M_n^{(k)} - M_n^{(l)} = 0,$ $V_n^{(k)} - V_n^{(l)} = 0 \text{ on } C_{ukl}$	EM(I)

(次ページへ続く)

(表 A.8 の続き)

解法	変分方程式	制約条件	備考
(4)	$\iint_{A_k}(D\triangle\triangle w^{(k)}-\bar{q}_n^{(k)})\delta w^{(k)}\mathrm{d}x\mathrm{d}y=0$	$w^{(k)}-w^{(l)}=0,$ $\dfrac{\partial w^{(k)}}{\partial n}-\dfrac{\partial w^{(l)}}{\partial n}=0$ on C_{ukl} $M_n^{(k)}-M_n^{(l)}=0,$ $V_n^{(k)}-V_n^{(l)}=0$ on $C_{\sigma kl}$	GM(I)
(5)	$\displaystyle\sum_l\Bigl[-\int_{C_{m1}}(V_n^{(k)}-V_n^{(l)})\delta w^{(k)}\mathrm{d}S$ $-\int_{C_{w1}}(w^{(k)}-w^{(l)})\delta V_n^{(k)}\mathrm{d}S$ $+\int_{C_{m2}}(M_n^{(k)}-M_n^{(l)})\delta\left(\dfrac{\partial w^{(k)}}{\partial n}\right)\mathrm{d}S$ $+\int_{C_{w2}}\left(\dfrac{\partial w^{(l)}}{\partial n}-\dfrac{\partial w^{(k)}}{\partial n}\right)\delta M_n^{(k)}\mathrm{d}S\Bigr]=0$	$D\triangle\triangle w^{(k)}-\bar{q}^{(k)}=0$ in A_k	Trefftz 法
(6)	$\displaystyle\sum_l\Bigl[-\int_{C_{m1}}(V_n^{(k)}-V_n^{(l)})\delta w^{(k)}\mathrm{d}S$ $+\int_{C_{m2}}(M_n^{(k)}-M_n^{(l)})\delta V_n^{(k)}\mathrm{d}S\Bigr]=0$	$D\triangle\triangle w^{(k)}-\bar{q}^{(k)}=0$ $w^{(k)}-w^{(l)}=0,$ $\dfrac{\partial w^{(k)}}{\partial n}-\dfrac{\partial w^{(l)}}{\partial n}=0$ on C_{ukl}	DM(II)
(7)	$\displaystyle\sum_l\Bigl[-\int_{C_{w1}}(w^{(k)}-w^{(l)})\delta V_n^{(k)}\mathrm{d}S$ $+\int_{C_{w2}}\left(\dfrac{\partial w^{(l)}}{\partial n}-\dfrac{\partial w^{(k)}}{\partial n}\right)\delta M_n^{(k)}\mathrm{d}S\Bigr]=0$	$D\triangle\triangle w^{(k)}-\bar{q}^{(k)}=0$ $M_n^{(k)}-M_n^{(l)}=0,$ $V_n^{(k)}-V_n^{(l)}=0$ on C_{ukl}	EM(II)
(8)	—	$D\triangle\triangle w^{(k)}-\bar{q}^{(k)}=0$ $w^{(k)}-w^{(l)}=0,$ $\dfrac{\partial w^{(k)}}{\partial n}-\dfrac{\partial w^{(l)}}{\partial n}=0$ on C_{ukl} $M_n^{(k)}-M_n^{(l)}=0,$ $V_n^{(k)}-V_n^{(l)}=0$ on $C_{\sigma kl}$	GM(II) 半解析的方法

参 考 文 献

[1] Fung, Y. C., 1965, *Foundation of Solid Mechanics*, Prentice-Hall (大橋義夫, 村上澄男, 神谷紀生 訳, 1970, 固体の力学/理論, 培風館).
[2] von Kármán,T., 1940, "The Engineer Grapples with Nonlinear Problems," Bull. Amer. Math. Soc., **46**, 7–42.
[3] Turner, M. J., Clough, R. W., Martin, H. C., and Topp, L. J.,1956, "Stiffness and Deflection Analysis of Complex Structures," J. Aero. Sci., **23**, 805–823.
[4] Timoshenko, S. P, Goodier, J. N.,1982, *Theory of Elasticity*, 3rd ed., McGraw-Hill.
[5] Westergaard, H. M.,1952, *Theory of Elasticity and Plasticity*, Harvard Monograph, Harvard University Press.
[6] Engesser, F. E.,1889, "Über statisch umbestimmte Träger bei beliebigen Formänderungs-Gesetz und über der Satz von der kleinsten Ergänzungs-arbeit," Z. Architek-u, Ing.-Ver., Hannover **35**, columns. 733–744, especially 738–744.
[7] Trefftz, E., 1926, "Ein Gegenstück zum Ritzschen Verfahren," Proc. 2nd Inter. Cong. Appl. Mech., Zurich, pp. 131–137,
[8] Felippa,C. A.,1995, "Parametric Unification of Matrix Structural Analysis, Classical Formation and d-Connected Matrix Elements," Report No. CUCAS-95-05, Department of Aerospace Engineering Sciences and Center for Aerospace Structures, University of Colorado, Boulder, March.
[9] Hellinger, E., 1941, Die allgemeinem Ansatzeder der Mechanik der Kontinua, Art. 30, in F. Klein, C. Müller, Eds., *Encyklopädie der Mathematischen Wissenschaften, mit Einfluss ihrer Anwendungen*, Vol. IV/4, Mechanik, pp. 601–694, Teubner.
[10] Reissner, E.,1950, "On a Variational Theorem in Elasticity," J. Math. Phys., **29**, 90–95.
[11] Hu, H. C.,1995, "One Some Variational Principles in the Theory of Elasticity and Plasticity," Sci. Sin., **4** (1), 33–54.
[12] Washizu, K.,1968, *Variational Methods in Elasticity and Plasticity*, Pergamon Press.
[13] Fraeijs de Veubeke, B., 1965, *Displacement and Equilibrium Models in the Finite Element Method in Stress Analysis*, O. C. Zienkiewicz and G. S. Holister, eds., John Wiley & Sons, Chap. 9, pp. 45–197.
[14] Pian, T. H. H., 1964, "Derivation of Element Stiffness Matrices by Assumed Stress Distribution," AIAA J., **2** (7), 1333–1336.

[15] Herrmann, L. R.,1966, "A Bending Analysis for Plates," Proc. of the Conf. on Matrix Methods in Structural Mechanics," AFFDL-TR-66-80, pp. 577–601.

[16] Martin, J. B.,1975, *Plasticity Fundamentals and General Results*, The MIT Press.

[17] Kawai T., 2000, "The Force Method Revisited," Int. J. Num. Mech. Eng., **47**, 275–286.

[18] Kawai T., 2002, "Development of a Nodeless Method — force method forever," Proc. of the Fifth World Congress of Computational Mechanics, July 7–12, 2002 Vienna, Austria.

[19] Timoshenko, S. P. and Woinowsky-Krieger, S., 1959, *Theory of Plates and Shells*, 2nd ed., McGraw-Hill.

[20] Timoshenko, S. P., 1955, *Vibration Problems in Engineering*, 3rd ed., D. Van Nostrand.

[21] Fujii, O., 1997, "Obvious Analysis of Framed Structures" (unpublished), April, 22, Hiroshima University.

[22] 野村大次, 翁長 祥, 井川忠彦, 2006, "統一エネルギ原理に基づいた骨組構造解析", 計算工学会講演会論文集第, **11** (2), 471–474.

[23] Dorm W. S. and Schild, A., 1956, "A converse to the virtual work theorem for deformable solids," Quart. Appl. Math, **14**, 209–13.

[24] Proc. Roy. Soc., A **154**, 4–21 (1936): Stephen Timeoshenko 60th aniversery volume, The MacMillan Co., 1938, p. 211.

[25] Franklin Inst. **258**, 371–382(1954).

[26] L. Prandtl, 1924, "Spannungsverteilung in plastischen Körpern," Proc. 1st Int. Congr. Appl. Mech. (Delft), pp. 43–46.

[27] A. Reuss, 1930, "Berücksichtigung der elastischen Formänderung in der Plastizitätstheorie," Z. Angew. Math.Mech. **10**, 266–274.

[28] Biot, M. A., 1963, "Theory of Stability and Consolidation of a Porous Media under Initial AStress," J. Math. Mech., **12**, 521–541.

[29] Kawai, T., 1977, "New Element Models in Discrete Structural Analysis," J. Soc. Naval Architects Jpn., **141**.

[30] Kondo, K., 1953, Proc. Second Japan Nat. Congr. Appl. Mech., **2**, 41.

[31] Bilby, B. A., 1960, Prog. Solid Mech., **1**, 329.

[32] Kröner, E., 1958, *Kontinuumstheorie der Versetzungungenund, Eigenspannungen*, Springer-Verlag, Berlin.

[33] Mura, T., 1970, *Inelastic Behavior of Solids*, McGraw-Hill, New York.

[34] Saint-Venant, A. J. C. B., 1855, "Memoire sur la Torsion des Prismes," Mem. Divers Savants, **14**, 233–560.

[35] Love, A. E. H., 1888, "On the small free vibrations and deformations of elastic shells," Philosophical Trans. Roy. Soc. A (London), **17**, 491–549.

[36] Reissner, E., 1945, "The effect of transverse shear deformation on the bending of elastic plates," ASME J. Appl. Mech., **12**, A68–77.

[37] Mindlin, R. D., 1951, "Influence of rotatory inertia and shear on flexural motions of isotropic, elastic plates," ASME J. Appl. Mech., **18**, 31–38.

[38] Kawai, T., 1967, "General Method of Solution for the Responses of Shells Based on Rayleigh–Ritz's Procedure," Civil Engineering Report No. 14, Department of Civil Engineering, State University of New York at Buffalo.

[39] Mikhlin, S. G., 1964, *Variational Methods in Mathematical Physics*, International Series of Monographs in Pure and Applied Mathematics 50, Pergamon Press.

[40] Gallagher, R. H., 1975, *Finite Element Analysis Fundamentals*, Prentice-Hall.

[41] Zienkiwicz, O. C., Taylor R. L., 1989, *The Finite Element Method*, 4th ed. Vol. 1 & 2, McGraw-Hill.

[42] Sokolnikoff. I. S., Spechit R. D., 1946, *Mathematical Theory of Elasticity*, 1st ed., McGraw-Hill.

[43] Timoshenko, S. and Goodier, J. N., *Theory of Elasticity*, 2nd ed., McGraw-Hill/Kogakusha Co., Ltd.

[44] S. P. チモシェンコ (長谷川 節 訳), 1998, 板とシェルの理論 (上), ブレイン図書出版.

[45] 鷲津久一郎, 1972, 日本鋼構造協会編, コンピュータによる構造工学講座 II-3-A, 弾性学の変分原理概論, 培風館.

[46] 川井忠彦, 1974, 日本鋼構造協会編, コンピュータによる構造工学講座 II-9-B, 座屈問題解析, 培風館.

[47] R. ヒル (鷲津久一郎, 山田嘉昭, 工藤英明 共訳), 1954, 塑性学, 培風館.

[48] Yamada, Y., Yoshimura, N. and Sakurai, T., 1968, "Plastic Stress-Strain Matrix and Its Application for the Solution of Elastic-Plastic Problems by the Finite Elemnent Method," Int. J. Mech. Sci., **10**.

[49] 川井忠彦, 吉村信敏, 1968, "有限要素法による平板の大たわみ問題の解析", 生産研究, **20** (8).

[50] Y. C. ファン (大橋義夫, 村上澄男, 神谷紀生 共訳), 1970, 固体の力学/理論, 培風館.

[51] C. L. ディム, I. H. シャームス (砂川 恵 監訳), 1977, 材料力学と変分法, ブレイン図書出版.

[52] Richard H. Gallagher (川井忠彦 監訳, 川島矩郎, 中沢 優, 藤谷義信 共訳), 1976, ギャラガー有限要素解析の基礎, 丸善.

[53] 鷲津久一郎, 宮本 博, 山田嘉昭, 山本善之, 川井忠彦, 1981, 有限要素法ハンドブック I 基礎編, 培風館.

[54] O. C. Zienkiewicz and G. S. Hollister, 1965, "Displacement and equilibrium models in the finite element method," *Stress Analysis*, John Wiley & Sons.

あとがき

　著者の川井忠彦先生は 2014 年 10 月にご逝去されました．
ご冥福をお祈りいたします．
　完成した本書をお見せできなかったことは真に残念でなりません．しかし，本書につきましては，川井先生は 2003 年頃から本格的に執筆に取り掛かっており，ご自身の手書きの原稿がワープロ化されたあとにも，数回ほど推敲されております．具体的な出版に向けての準備に入った後の推敲や校正については，その後編集に携わった者で担当いたしました．
　なお，川井先生の直筆の原稿をワープロ化する際には川井総合研究所 (代表 川井忠彦) の菊地 亮氏にご尽力いただきました．ここに謝意を表します．

編集委員　菊　地　　　彪

川井忠彦東京大学名誉教授の業績

　川井忠彦先生は，1954 年 (昭和 29 年) から 3 年間の米国リーハイ大学留学を通じて塑性解析 (極限解析) 法を修得された．そして 1965 年 (昭和 40 年) より欧米で長足の進歩を遂げつつあったマトリックス構造解析法あるいは有限要素法のわが国への導入を試み，その後の日本での技術発展のパイオニアとして活躍，その普及に尽力された．特に有限要素法の流体力学・熱伝導・電気化学など他の工学分野への応用を目指した基礎研究で成果をあげられた．

　また，1971 年 (昭和 46 年) より，有限要素法の非線形解析における問題点の研究を行い，1976 年 (昭和 51 年) に，不連続体解析の礎となり，固体の最終強度解析に適した RBSM (離散化極限解析モデル，剛体–ばねモデル) を開発，同手法の金属構造からコンクリート，地盤構造を含めた固体力学非線形問題の実用技術を確立された．

　その後，固体力学・流体力学・熱や物質の移動・電磁気学などの連成場のコンピュータシミュレーション技法の研究を，さらに応力法の再生について研究され，E. Reissner の混合変分原理の欠点を克服した変位法と応力法との混合である統一エネルギー理論にもとづく新しい混合法を考案された．

略歴：

1926 年 (大正 15 年) 2 月 20 日 東京小石川に生まれる．

1948 年 (昭和 23 年) 3 月 第一高等学校理科甲類卒業

1952 年 (昭和 27 年) 3 月 東京大学工学部船舶工学科卒業

1957 年 (昭和 32 年) 10 月 アメリカ合衆国リーハイ大学土木工学科博士課程修了 (極限解析)．Doctor of Philosophy (Ph.D.) の学位授与される．

1958 年 (昭和 33 年) 1 月 総理府科学技術庁航空技術研究所機体部勤務

1962 年 (昭和 37 年) 3 月 東京大学より工学博士の学位授与される．

同年 6 月 総理府科学技術庁航空技術研究所機体部機体構造研究室長

1963 年 (昭和 38 年) 4 月 東京大学助教授 (生産技術研究所)

1966 年 (昭和 41 年) 8 月 アメリカ合衆国ニューヨーク州立大学バッファロー分校客員教授

1971 年 (昭和 46 年) 10 月 東京大学教授 (生産技術研究所)

1986 年 (昭和 61 年) 3 月 東京大学を定年により退職

同年 4 月 東京理科大学教授 (工学部第一部電気工学科)

同年 5 月 東京大学名誉教授

2014 年 (平成 26 年) 10 月 31 日逝去

学会活動：

1978 年 (昭和 53 年) 8 月 学際問題の有限要素解析に関する日米セミナー・日本側代表

1982 年 (昭和 57 年) 8 月 第 4 回流れ問題における有限要素法に関する国際会議・組織委員長

1986 年 (昭和 61 年) 9 月 国際計算力学連合 (IACM) 副会長 (1994 年 8 月まで)

1987 年 (昭和 62 年) 6 月 日本シミュレーション学会会長 (1994 年 5 月まで)

1988 年 (昭和 63 年) 4 月 日本工学アカデミー会員

1994 年 (平成 6 年) 8 月 国際計算力学協会名誉会員

1995 年 (平成 7 年) 5 月 日本計算工学会会長

1998 年 (平成 10 年) 日本計算工学会名誉会員

受賞歴：

1971 年 (昭和 46 年) 5 月 日本高圧力技術協会 HPI 論文賞受賞

1974 年 (昭和 49 年) 6 月 日本鋼構造協会業績表彰受領.

1979 年 (昭和 54 年) 5 月 日本造船学会賞受賞

1981 年 (昭和 56 年)10 月 三菱財団自然科学助成金受領

1985 年 (昭和 60 年)10 月 東京都科学技術功労者表彰

1994 年 (平成 6 年) 日本機械学会計算力学部門 72 期 (1994) 功績賞 (東京理科大学)

2014 年 (平成 26 年)10 月 31 日発令 瑞宝小綬章

主な著書：

技術者のためのマトリックス構造解析法，J. Robinson 著，川井忠彦，矢川元基ほか共訳 (培風館，1979).

マトリックス構造解析，R. H. Gallagher 著，川井忠彦 監訳 (丸善，1981).

機械のための有限要素法入門，川井忠彦，岸正彦 共著 (オーム社，1983).

離散化極限解析プログラミング，川井忠彦，竹内則雄 共著 (培風館，1990).

鋼構造部材と骨組の離散化極限解析，川井忠彦，野上邦栄 共著 (培風館，1991).

振動および応答解析入門，川井忠彦，藤谷義信 共著 (培風館，1991).

座屈問題解析，川井忠彦，藤谷義信 共著 (培風館，1991).

離散化極限解析法概論，川井忠彦 著 (培風館，1991).

特集 電気・波動工学における逆問題：CT から最適設計まで，川井忠彦，加川幸雄 責任編集，コンピュートロール 39 (コロナ社，1992).

応用有限要素解析，L. J. Segerlind 著，川井忠彦 監訳，築地恒夫ほか共訳 (丸善，1992).

計算力学入門：科学技術計算の初歩，計算工学研究会 編，川井忠彦ほか共著 (森北出版，1993).

など著書，論文多数．

索　引

欧　文

Cauchy の式　122

Dirichlet 条件　126

Euler の座屈理論　155

Gauss の発散定理　7, 24
Green 関数　70, 87

Hellinger–Reissner の原理　15

Kirchhoff–Love の仮定　79
Kirchhoff のせん断力　153

Langrange の未定係数　16

Mises の降伏条件　157

Nadai の類推　74
Neumann 条件　126, 152

Prandtl の薄膜相似理論　72, 73, 129, 151

Rayleigh–Ritz 法　103, 112
Reissner–Mindlin の曲げ理論　96

St. Venant のねじり解析　44, 67

Trefftz 法　47, 87, 91

あ　行

板曲げの有限変形増分理論　155
一般化された仮想の仕事　68

s 座標　134
円孔付正方形板　149

応力関数　130
応力集中　149
応力−ひずみ関係式　36
応力法　47, 48, 160

か　行

回転変位マトリックス　31
外部境界　68
外部要素　69
荷重境界　132
荷重端　41
仮想仕事の原理　12, 116, 160
　強形式の——　159
片持ちばり　55

境界力　122
極限解析　29, 34
極限状態　33
局所座標系　120

下界解　23
下界解法　159

剛体回転　121

剛体変位　52, 121
固体の変位関数　30
固定境界　132
固定端　41
混合法　47, 66
コンプリメンタリーエネルギー関数　11, 14

　　　　さ　行

最小コンプリメンタリーエネルギーの原理　12
最小ポテンシャルエネルギーの原理　12
材料非線形　157
座標変換　134
座標変換マトリックス　52
3次元弾性論　105

シェル近似理論　105
シェル要素　105
軸変形　40
軸変形解析　43
自己平衡解　69, 85
自己平衡関数　161
システム–マトリックス　132, 141
弱形式表示　69
自由端　41
重調和関数　85
自由物体　119
上界解　23
上界解法　159
状態ベクトル　39, 119, 131

整合要素　93
正値対称マトリックス　11
節点　91
節点平衡条件式　52
節点変位適合条件式　53
節点レス要素 → ノードレス要素
全エネルギーの停留原理　46
線積分　134
せん断変形　95

増分法　157
塑性構成則　157

　　　　た　行

対角部分マトリックス　140
たわみ角法　39
単純支持端　41
弾性棒のねじり問題　71
弾性膜　67
　――のたわみ解析　67
弾塑性解析　157
弾塑性ねじり　74
弾塑性ねじり解析　75
断面ねじりモーメント　40
断面ベクトル　42

注目要素　134
調和関数　70

定ひずみ要素　29, 35
停留原理　51
適合要素　92

統一エネルギー原理　2, 7, 9, 118, 157, 161
特異　140

　　　　な　行

内部境界　133
内部要素　69, 137

ねじり変形　40

ノードレス要素　26, 119, 125, 137

　　　　は　行

ハイブリッド法　48
挟み撃ち法　23, 159, 162
はり柱要素　39
反逆法　71

非構造分野の境界値問題　126
非構造問題の解析　128
非自己平衡変位関数　133

索　引　185

ひずみエネルギー　50
ひずみエネルギー関数　11, 14
ひずみマトリックス　31
非対角部分マトリックス　140
非弾性　13

不整合メッシュ分割　150
付帯境界条件　41, 48
物体内部の平衡条件　126

平衡方程式　39
平板の固有振動数解析　153
平板の曲げのひずみエネルギー　98
平板の曲げ変形　97
平面応力　76
平面応力場　76
平面応力問題　149
平面ひずみ　76
変位仮定　120
変位関数 (低次の)　128
変位境界条件　126
変位ベクトル　42
変位法　39, 48
変分学　126
変分定式化　43
変分方程式　69
変分法の基本補助定理　126, 152

棒のコンプリメンタリーエネルギー　151

棒のねじり解析　130, 151
補仮想仕事の原理　12, 117, 159
骨組構造　48
骨組構造解析　39, 48

ま 行

曲げ変形　40

未定係数ベクトル　130

無応力境界　132

門型ラーメン　59

や 行

誘導変分原理　152
ゆがみ関数　71

要素平衡方程式　39

ら 行

力学境界条件　126
立体骨組　63
流動座標　127
領域内の条件　126
隣接要素　134

混合法による有限要素解析
統一エネルギー原理とその応用

平成27年5月30日　発行

編　者　　一般社団法人　日本計算工学会

著　者　　川　井　忠　彦
　　　　　風　間　悦　夫

発行者　　池　田　和　博

発行所　　丸善出版株式会社
　　　　　〒101-0051 東京都千代田区神田神保町二丁目17番
　　　　　編集：電話 (03) 3512-3266／FAX (03) 3512-3272
　　　　　営業：電話 (03) 3512-3256／FAX (03) 3512-3270
　　　　　http://pub.maruzen.co.jp/

© Tadahiko Kawai, Etsuo Kazama, 2015

組版印刷・三美印刷株式会社／製本・株式会社 松岳社

ISBN 978-4-621-08936-1 C 3053　　　Printed in Japan

本書の無断複写は著作権法上での例外を除き禁じられています．